CERN

VAGANDO POR LO INCONMENSURABLE

De la arcilla al acelerador:
La medida, la materia y el misterio

CERN: VAGANDO POR LO INCONMENSURABLE

First edition. March 18, 2026.

ISBN: 979-8233094217

Written by Cristina Lobo and Manuel Rodsua.

ÍNDICE

PARTE I: La medida del mundo

PARTE II: La fractura de la luz

PARTE III: La catedral subterránea

PARTE IV: El tejido invisible

PARTE V: Vagando por lo inconmensurable

SILENOS 2026
MANUEL RODSUA & CRISTINA LOBO

Capítulo 1: Amanecer en Meyrin

AMANECÍA EN MEYRIN con una luz que parecía cortarse en láminas sobre el acero. La bruma matinal todavía se adhería a las piedras de la plaza, pero el primer sol la atravesó como si buscara un ángulo preciso: la superficie pulida de la cinta helicoidal respondió a esa búsqueda y devolvió fragmentos de cielo en reflejos alargados. Había visitantes, técnicos con chalecos anaranjados, estudiantes con libretas y cámaras, y veteranos que caminaban despacio como si el lugar fuera un instrumento más que un paisaje. Diez idiomas se mezclaban en un rumor continuo: francés, inglés, italiano, alemán, español, ruso, árabe, persa, hindi y mandarín, todos doblados por el viento frío que ribeteaba la plaza.

La pieza dominaba el espacio con una autoridad silenciosa. Quince toneladas de acero inoxidable conformaban una banda que se enroscaba sobre sí misma en una torsión y una caída que sugerían movimiento contenido. Suspensa por tensores discretos sobre una base de piedra gris, la cinta describía una trayectoria que a primera vista podía leerse como simple espiral; a medida que uno se acercaba, la geometría se revelaba más compleja: caras que nacían y morían con la torsión, sombras que abrían ventanas en la masa reflectante, y fragmentos del mundo circundante que se multiplicaban y fragmentaban en la piel metálica. El título, inscrito con modestia en la placa de acceso, resumía la ambición: Wandering the Immeasurable. Vagando por lo inconmensurable. Un enunciado que, lejos de ser poético por accidente, sometía a la vista y al pensamiento a una promesa: aquí se cruzaban el sentido técnico y la cuestión última.

Los primeros planos sensoriales eran insistentes. El metal no era solo luz; era un espejo vivo que devolvía nubes, rostros, un destello de gafas; en él se leía el paso temporal: nubes que se deshilachaban, personas que cambiaban de posición, aves que dejaban manchas oscuras. Los fotógrafos hacían clic con una cadencia casi rítmica. Un niño corrió por la plaza siguiendo la curvatura como si la cinta le dictara un rito de exploración: su carrera generó un pequeño rito laico, circular y expectante. Técnicos dejaron por un momento su protocolo para afirmar la mano sobre la frialdad del metal, como quien reconoce la textura de un viejo instrumento; científicos veteranos pasaron la yema del dedo por el borde, gesto contenido de reverencia que no estaba dirigido a la figura del artista sino a la memoria práctica que la pieza condensaba.

La obra funcionaba como tótem. No en el sentido funerario ni con la intención de erigir un monumento que clausurara un lamento; más bien, era un signo operativo: concentraba en un objeto la memoria colectiva de un laboratorio, la suma de pequeñas prácticas y grandes experimentos que por años habían necesitado un lugar común. Allí no se colocaba una placa con fechas solemnes sino una cinta que exigía movimiento —de mirada, de pensamiento— y, por esa exigencia, se transformaba en un recordatorio de lo que había sido y de lo que podía volver a ser. El totem no petrificaba la historia; la convocaba mediante la forma dinámica de una banda que se retorcía sobre su eje. Era un signo que recordaba: aquí se hacía ciencia, y la ciencia prosigue mientras la forma continúe girando en la imaginación de quienes la miran.

Estructuralmente, la cinta encarnaba una tensión entre continuidad y discontinuidad. A primera vista una banda continua, su torsión creaba caras múltiples y ángulos cambiantes que, como marcos de observación distintos, ofrecían visiones distintas de la misma pieza. La metáfora era clara para cualquier físico que se acercara: leyes inmutables vistas desde marcos que cambian; una invariancia que no excluye la multiplicidad de perspectivas. Los veteranos se reían a media voz y tocaban con la yema los bordes: "es como calibrar un instrumento —decía uno—, hay que girarlo para encontrar la línea". Esa ambivalencia formal invitaba a un doble ejercicio. Por un lado, la contemplación estética; por otro, una lectura funcional, casi científica: cómo la forma controla la luz, cómo la torsión modula reflexiones, cómo el vacío entre la cinta y la piedra se convierte en escenario de experimentos visuales con el clima y la presencia humana.

Pero la piedra que sostenía la cinta guardaba otro secreto, más íntimo: placas discretas, en relieve, con trazos que emulaban la cuña antigua del cuneiforme. No eran reproducciones filológicas ni copias académicas; la grafía había sido estilizada, traducida a logogramas modernos que rendían homenaje a aquellos primeros signos epigráficos. Las tablillas de arcilla de Mesopotamia no reaparecían tal cual, con su barro endurecido y sus incisiones ordenadas por la caña del escriba; era, en cambio, una secuencia simbólica que sugería: aquí están nuestras raíces. Estas inscripciones discretas recordaban que el lenguaje científico no nació en laboratorios con batas blancas, sino en oficinas de contabilidad, en muelles de mercancías, en observatorios primitivos. Antes de que existieran los detectores y los aceleradores hubo cuentas de cebada, divisiones de tierras, listas de impuestos y observaciones de eclipses que demandaban un método para fijar cantidades. Allí —en la arcilla guardada por siglos y ahora evocada en piedra— se encontraban los gestos fundacionales de la medición.

Leer las placas era una lección de genealogía intelectual. El cuneiforme, con su lenguaje mixto de signos logográficos y de valor numérico, había sido vehículo de las primeras estructuras formales para contar y registrar. Aquellas tablillas, que hoy son piezas de museo, consignaban inventarios, pagos, observaciones celestes y cálculos administrativos. En esas prácticas ordinarias —no en los grandes tratados filosóficos— germinó la necesidad de formalizar el número. La placa bajo la cinta lo recordaba sin didactismo: los números son oficio humano, memoria social, herramienta de gobierno y, también, primera tecnología de la abstracción. Era inevitable que en el lugar donde se preguntaba por partículas que no se ven se apareciera el registro de las formas más antiguas de ver.

En el texto de la piedra, junto a los trazos que evocaban la escritura de cuñas, había una nota que conectaba esa memoria con un hito técnico: la consolidación del sistema sexagesimal alrededor de 1500 a.C. No se trataba de un apunte erudito sino de una narrativa breve y poética que explicaba la elección del 60 como base: una convergencia de prácticas astronómicas, conveniencias administrativas y un criterio práctico de divisibilidad. Sesenta es divisible por 1, 2, 3, 4, 5 y 6 —y por más—; esa riqueza factoral lo convertía en un número comodín para fraccionar y repartir. Pero había algo más, menos pragmático: la astronomía temprana —los movimientos aparentes del Sol, la duración del día y la necesidad de dividir el horizonte— empujó hacia una numeración que facilitara ciclos y medidas. La disposición de los reflejos en la cinta parecía subrayar ese argumento: vueltas, divisiones, la circunferencia fracturada en partes que remiten, sin ambages, a los 360 grados y a un modo de contar que todavía nos gobierna cuando miramos un reloj o un mapa celeste.

La historia de 1500 a.C. se contó en la base como si fuera una confidencia. Se evocó la figura de escribas que anotaban tránsitos, graneros que contabilizaban sacos de cebada y navegantes que dividían el horizonte para orientarse. Para los físicos que hoy pasan horas frente a pantallas y detectores, la idea de que sus ecuaciones hunden raíces en contar cebadas, en medir sombras y en registrar eclipses tenía un efecto poderoso: otorgaba continuidad humana. La herencia no era solo técnica; era humana, tangible. Les daba a sus horas de laboratorio una sensación de linaje, una pertenencia que atraviesa milenos. Esa continuidad fue el hilo conductor del modo en que la gente se acercaba a la cinta: con respeto, casi con la solemnidad que requiere reconocer que se es eslabón de una cadena.

La conexión entre la escultura y la antigua aritmética tuvo otra lectura inmediata: las vueltas de la cinta convocaban la división del círculo. El recordatorio era casi didáctico: 360 grados, 60 minutos de arco, 60 segundos —remanentes directos del sexagesimal— aparecían en la experiencia cotidiana del observador que giraba en torno a la obra. Además, la cinta que se perdía en su propio eje sugería la forma en que la física se plantea problemas: hitos encadenados, preguntas que producen otras preguntas, teorías que vuelven sobre sí mismas y se transforman en andamiaje para cuestiones más profundas. La pieza no era un simple homenaje: funcionaba como puente físico entre la abstracción numérica ancestral y los instrumentos complejos de hoy. Allí donde una banda de acero se enroscaba en la plaza, se leían trazos que unían la contabilidad de graneros con los contadores de partículas.

El simbolismo histórico de la cinta era amplio. Algunos visitantes la leían como una espiral que conducía hacia el núcleo de la materia; otros, más sensibles a las sutilezas topológicas, veían en ella una Möbius estilizada, una insinuación de continuidad entre opuestos. Otros, aún, percibían un lazo que conectaba el pasado remoto con la proyección futura: una banda que no empezaba ni terminaba, que sugería una historia no teleológica sino laberíntica. La obra era espejo de lecturas. Un estudiante de doctorado, con los ojos húmedos, dijo sin solemnidad: "Me recuerda que la historia de la física no es un camino recto hacia la verdad, sino un vagar por lo inconmensurable." La frase quedó flotando y muchos le dieron la razón: la sucesión de descubrimientos no garantizaba un relato de progreso continuo; era más bien una serie de retornos, ajustes y bifurcaciones.

Esa mezcla de humildad y audacia que provocaba la obra se volvió palpable al caer la tarde. La plaza, que de día había sido bullicio de visitas y guías, se encendió con luces bajas y focos que dibujaron la cinta en silueta. Los que pasaban se detenían con la respiración más contenida. Algunos soltaron risas breves, otros permanecieron en silencio largo. La pieza funcionaba como espejo de preguntas: ¿qué significa medir lo inconmensurable? ¿Qué legitimidad tiene la cifra para reconfigurar la realidad? Eran preguntas que los físicos se formulaban en sus turnos y que los artistas discutían en tertulias. Para unos la cifra era herramienta que clarificaba; para otros, reductora de experiencias humanas complejas. La escultura, desde su materialidad, no ofrecía respuestas; abría un espacio de debate.

Por eso la obra se volvió punto de encuentro práctico: las inducciones para nuevos investigadores empezaban allí. Los guías que recibían escuelas o visitas institucionales solían anclar la explicación a la cinta: la física exige no solo máquinas sino una tradición de mirar el mundo con rigor. Los programas de bienvenida escogían esa plaza como un bautismo ligero: la foto frente a la cinta al completar la primera estancia postdoctoral se convirtió en rito de pertenencia. Cada graduación de posdoctorado incluía una foto grupal frente a la banda; el gesto repetido creó una iconografía de linaje académico: estar frente a Wandering the Immeasurable es proclamar afiliación a un proyecto colectivo. Aquellas fotografías, amontonadas en archivos y redes internas, fueron adquiriendo peso simbólico: testimonio de presencia, marcador de una trayectoria.

No era extraño ver a delegados veteranos llevar a novatos a la escultura durante conferencias internacionales. Caminaban despacio y contaban anécdotas fundacionales como quien transmite tradición oral: episodios de máquinas que fallaron por un tornillo, anécdotas de cafés suizos donde nacieron acuerdos, discusiones que decidieron sedes y nombres. La cinta se convirtió en ancla didáctica: a su alrededor se narraban gestos que no estaban en los papers pero que cuidaban la atmósfera institucional. Era la memoria operativa del laboratorio condensada en un objeto que no ordenaba fechas sino experiencias.

Desde un ángulo filosófico, la pieza materializaba una premisa delicada: la creencia de que el universo puede ser decodificado por el lenguaje numérico iniciado en Mesopotamia. Esa creencia no era dogma en el lugar; era práctica y herramienta. Al mismo tiempo, la obra planteaba una pregunta ética: ¿hasta dónde nos autoriza la cifra para reconfigurar la realidad? Había quienes miraban la cinta y sentían celebración de una elegancia matemática; otros experimentaban un desarraigo: la sensación de que la vida podía reducirse a variables, parámetros, y a la pulcritud de un gráfico. Esa ambivalencia no se manifestó solo en debates; se filtró en procesos personales: los que habían dedicado vidas a cuantificar lo impalpable a veces hablaban con ternura de la necesidad de restituir sentido más allá de ecuaciones.

La coexistencia del lenguaje numérico y el lenguaje simbólico era quizá el rasgo más significativo de la obra. La pieza ocupaba un territorio intermedio: hablaba de física sin fórmulas y de poesía sin metáforas vacías. En ella convivían dos modos de conocimiento: la precisión de la medida y la alegoría simbólica. Ese cruce produjo tensiones productivas. Algunos físicos consideraban la escultura un ornamento, un lujo estético que añadía una capa de prestigio pero no avanzaba el conocimiento. Artistas, por su parte, la leían como una iglesia profana donde la técnica se volvía rito. Las fricciones no eran destructivas; al contrario, generaban diálogos; muchas veces las discusiones nocturnas en la cafetería se traducían en iniciativas conjuntas: exhibiciones, mesas redondas, un taller sobre metáforas en la ciencia.

Cuando la noche avanzó y las luces del campus bañaron la cinta con un resplandor cálido, la plaza se llenó de silencios largos. La obra, ahora iluminada, parecía más que nunca espejo de preguntas. Los visitantes se quedaban contemplando la superficie reflectante: rostros superpuestos a los filos del metal, la estatua de Shiva a cierta distancia, las luces del túnel que se perdían bajo la tierra. Nadie pedía respuestas; bastaba la disposición a la duda. La pieza, así, cumplía su función totemica: convocar, recordar y sostener la tensión entre medición y misterio.

Al final de la jornada, cuando los últimos vasos de café se vaciaron y quedaron solo murmullos de personal cerrando puertas, un grupo pequeño se quedó en torno a la banda. Alguien hizo una broma sobre si la cinta era una Möbius verdadera; otro recitó, sin declarar que era poema, una línea sobre los números como puentes frágiles. Un técnico, con las manos en los bolsillos, dijo en voz baja: "Medir no es poseer. Pero sin medidas, somos ciegos." Nadie contradecía. La afirmación quedó colgada entre el brillo del metal y la piedra con inscripciones antiguas: la continuidad de la técnica y la fragilidad del sentido.

La banda helicoidal de 15 toneladas, su conjunto de placas cuneiformes estilizadas, las huellas de dedos y las fotos de graduaciones formaron, así, un relato en el que Mesopotamia y Meyrin dialogaban. Allí donde los antiguos escribas contaban sacos de cebada y anotaban tránsitos de estrellas, hoy se computaban señales de partículas que aparecen y desaparecen. La cinta no pretendía cerrar esa historia; la dejaba abierta, como un camino que se pierde en su propio eje. Vagando por lo inconmensurable, los que se acercaban salían con la sensación, contenida y profunda, de que medir era también un acto de humildad: la conciencia de que lo cuantificable convive con un resto indecible. Y en ese resto, la escultura insistía con voz metálica: se puede preguntar siempre; solo que las respuestas vendrán en idiomas que heredamos de aquellos que, hace miles de años, contaron cebadas bajo la misma bóveda celeste que hoy seguimos observando.

Capítulo 2: El acero y la piedra: *Wandering the Immeasurable*

OTOÑO DE 1938. EN LOS pasillos de algunos institutos alemanes el aire olía a solvente y a nervios. Había una tensión en la luz misma: los ventanales dejaban pasar una claridad fría que parecía acelerar el tic tac de los relojes. En un laboratorio del Kaiser-Wilhelm, entre matraces etiquetados con caligrafía apurada y pilares de vidrio empañado por condensaciones diarias, Otto Hahn y Fritz Strassmann repetían ensayos con uranio. La ciencia, en su modo más práctico, tenía entonces el aspecto de una serie de manipulaciones metódicas: pesadas pesadas de muestra, baños de ácido en recipientes robustos, centrifugaciones, análisis químico fino. Pero aquella rutina estaba poblada por una ansiedad nueva, casi luminosa: un descubrimiento que no era solo descubrimiento sino umbral.

Hahn y Strassmann no imaginaban, en los primeros días, la completa implicación moral de su hallazgo. El experimento arrojó fragmentos desconocidos: al bombardear núcleos de uranio con neutrones, encontraban residuos que por su masa correspondían a elementos mucho más ligeros de lo esperado, como el bario. La interpretación —articulada más tarde por Lise Meitner y su sobrino Otto Frisch— fue la de una fisión: un núcleo que se parte, liberando energía y más neutrones, capaz de desencadenar una reacción en cadena. La física, que hasta entonces había sido un mapa de comprensión, de repente mostraba un borde cortante: la posibilidad de liberar cantidades inmensas de energía con la ruptura del núcleo.

En la atmósfera íntima del laboratorio la fisión apareció primero como una extraordinaria curiosidad técnica. Los tubos resonaban con el zumbido de equipos; las anotaciones en cuadernos se llenaron de cifras; los nombres de los isótopos circulaban con un extraño nuevo peso. Pero la noticia no tardó en convertirse en umbral moral.

Se habló de la energía contenida en el átomo con la misma reverencia con que antaño se hablaba del fuego: herramienta de progreso y arma potencial. Entre técnicos y teóricos comenzó a correr otra información, menos formal, que transformaba la excitación en inquietud: el rumor de que, si fuese posible encadenar una reacción, la energía liberada podía superar por órdenes la de explosivos convencionales.

Esa transformación —del cuaderno de laboratorio al potencial bélico— no fue instantánea y sí inexorable. La física, antes disciplina ajena a consideraciones de Estado, empezó a recibir llamadas de atención de ministerios y oficinas. La idea de dominar el átomo asumió rápidamente una dimensión política: poseer la capacidad de liberar energía incontrolada se convirtió en forma suprema de poder. Los mapas geopolíticos, siempre trazados por ejércitos y diplomacias, incorporaron ahora una nueva cartografía: la de los laboratorios capaces de conjurar la fisión. En los cafés de Berlín, en las comunicaciones entre institutos, en las conversaciones a media voz de los físicos, lo técnico y lo político se rozaban con una incomodidad que resultaba casi táctil.

No todos los científicos pensaron igual. En la cafetería de un instituto —mesa de madera, humo de cigarrillos y la tinta aún húmeda de cartas oficiales— un joven físico hojeaba un sobre con noticias de fuera: ofertas de trabajo, invitaciones a colaborar, la alegre y amarga carta de un colega que había aceptado una plaza en Cambridge. A su alrededor, voces en voz baja mezclaban patriotismo y miedo. Un profesor, con la mirada aún teñida de la humareda del cigarro, murmuró: "Si esto cae en manos de quienes gobiernan sin escrúpulo, la ciencia se convertirá en mecanismo de destrucción." Otro respondió con una mezcla de fatalismo y orgullo: "O la hacemos nosotros, para que la defensa sea responsabilidad propia." El tono de la conversación osciló entre la defensa de la patria y la defensa de una ética universal; la incertidumbre de los próximos meses iba a empujar a muchos a decisiones que marcarían sus vidas.

La transición de la posibilidad técnica a la operación estatal la encarnó el Proyecto Manhattan. Lo que pudo haber sido una línea de investigación académica se transformó en una empresa industrial colosal: miles de personas, campos de trabajo dispersos en Nuevo México, Tennessee y Washington, infraestructuras que rivalizaban con las de una ciudad, todo envuelto en un velo de secreto militar. No fue solo la concentración de talento lo sorprendente; fue la logística que lo subordinó a fines estatales. Instalaciones de enriquecimiento, plantas de producción química, construcciones de concreto y acero, contratos con industrias, y un esfuerzo inusitado de organización que convirtió la ciencia en manufactura bélica.

Los científicos reclutados mostraron una mezcla de sentimientos y motivaciones. Para muchos, la participación fue un acto de patriotismo: estaban convencidos de que, en tiempos de guerra total, su deber era contribuir a defender a sus países. Otros, en cambio, percibieron que su trabajo, su búsqueda del conocimiento, había sido infiltrada por la maquinaria de la violencia. Había quienes creían que la investigación podía ser un escudo moral: al participar ellos mismos, impedirían que la tecnología cayese en peores manos; otros imaginaban que colaborar sería caer en la instrumentalización del saber. El discurso ético se fragmentó: ¿era moral crear un arma si con ella se ponía fin a una contienda que costaba millones de vidas? ¿Era legítimo esparcir la posibilidad de una destrucción masiva aun con la intención de acortar la guerra? No hubo consenso.

El 6 y el 9 de agosto de 1945 cambiaron el aire del mundo. Hiroshima y Nagasaki fueron vividas por los habitantes de esas ciudades en secuencias que las palabras apenas pueden soportar: primero el calor blanco, un brillo que reconfiguró la percepción del día; luego el silencio, asfixiante, y después la visión de cuerpos carbonizados impresos en paredes, como negativos humanos de la violencia concentrada. Los testimonios describen una pérdida de la trama humana: las sombras recogidas en el pavimento como huellas que la radiación fijó; voces que no podían pronunciar dolor porque el lenguaje se quedaba corto. Para quienes lo vieron de lejos, la noticia fue una conmoción moral de proporciones inéditas. La guerra terminó con una victoria militar, sí, pero inauguró la era nuclear: los estados entraron en la época en que la posesión de la tecnología atómica reconfiguraba sus seguridades, su prestigio y su posición en el tablero internacional.

En Europa la catástrofe material fue brutal y acumulativa: ciudades agujereadas por bombardeos, fábricas en escombros, bibliotecas convertidas en montículos de ceniza. Universidades y centros de investigación quedaron mutilados. Más que infraestructuras, lo que se dañó fue una red robusta de colaboración: cartas cruzadas, estancias de investigación, convenios internacionales, todo interrumpido por fronteras que se endurecían. La comunidad intelectual, acostumbrada a discurrir sin demasiadas fronteras, vio su tejido hecho jirones. Algunos laboratorios habían sido convertidos en fábrica de guerra, otros simplemente destruidos. El mapa de la ciencia europea quedó marcado por líneas discontinuas y vacíos explícitos.

Fue entonces cuando comenzó la gran migración: la fuga de cerebros. Científicos de primer orden, técnicos con experiencia en instrumentación, matemáticos y jóvenes promesas empacaron maletas cargadas de libros, de cartas de recomendación y de la esperanza de que sus talentos serían acogidos. El éxodo tuvo variantes y rostros: algunos se fueron empujados por persecuciones políticas o raciales; otros por el ofrecimiento de recursos y libertad científica que prometía Norteamérica; otros, por miedo a la reconstrucción lenta y precaria. Familias enteras emprendieron viajes que no siempre tenían retorno. En las estaciones ferroviarias, se vieron grupos que se despedían con sobriedad, llevando consigo no solo equipaje personal sino el capital intelectual que permitiría a otros laboratorios emerger en nuevos mundos.

El resultado inmediato y doloroso para Europa fue la disminución de su capital humano en disciplinas clave. Pérdidas notables en física teórica, en estaciones de radio y en la instrumentación hicieron que muchos ministerios comprendieran con una urgencia nueva que la ciencia no era un lujo cultural, sino asunto de soberanía. La política científica cambió de registro: dejó de ser campo neutro para convertirse en asunto central de seguridad nacional y prestigio internacional. Las cancillerías —antes concentradas en fronteras y comercio— comenzaron a ponderar inversiones en infraestructura científica como si fuera cuestión de defensa. La prioridad ya no era solo recuperar fábricas o carreteras: era evitar quedar tecnológicamente rezagados frente a superpotencias que ahora concentraban la capacidad de decidir el rumbo de la técnica.

Esa percepción alimentó debates públicos y privados. En ministerios, en comités, en los pasillos de parlamentos, se discutía la necesidad de reconstruir capacidades científicas estratégicas. ¿Cómo evitar que otro ciclo de dependencia terminara por subordinarnos a centros extranjeros? La respuesta política fue, en muchos países europeos, invertir en formación, en laboratorios nacionales y, sobre todo, en cooperación supranacional. La tragedia había mostrado que la ciencia tenía un peso geopolítico que exigía políticas de largo aliento.

La hegemonía tecnológica entonces adquirió una piel nueva: la ciencia dejó de ser solo búsqueda por curiosidad y se transformó en un activo estratégico. Las naciones que dominaban la instrumentación subatómica, la electrónica avanzada y la producción de materiales críticos tenían no sólo una ventaja comercial sino una capacidad de influencia política. El laboratorio se pareció cada vez más a un tablero geopolítico donde se jugaban contratos, alianzas y prestigio. En esa tensión —entre el laboratorio y el tablero— la moral se volvió una mercancía frágil. La instrumentalización del saber por fines militares mostraba que la búsqueda del conocimiento podía ser convertida en poder crudo.

Y sin embargo, en medio de esa reconfiguración, hubo una determinación que mezcló desolación y voluntad. En ciudades arrasadas, en salas de conferencias semi derruidas, un grupo de físicos todavía se reunía alrededor de mesas con restos de papeles chamuscados. Hablaban en voz baja de volver a tejer redes, de crear espacios donde la ciencia no fuera instrumento de dominio sino puente de reconstrucción. La pregunta que muchas veces cruzaba esas reuniones era amarga y profunda: ¿cómo reconciliar la vocación universal de la ciencia —su aspiración a trascender fronteras— con la urgencia de proteger una soberanía tecnológica frente a potencias que ya habían mostrado su capacidad de decidir con bombas atómicas?

La respuesta no fue simple ni única. En algunos lugares la reacción política llevó a la creación de proyectos de cooperación que buscaban sostener una autonomía europea; en otros, la prioridad fue la reconstrucción nacional. Lo cierto es que la reconstrucción del tejido científico exigió una doble pretensión: recuperar capacidades técnicas y restaurar una ética de la investigación que resistiera la tentación de ser subalterna a intereses exclusivamente estatales. Esa tensión —entre autonomía y cooperación, entre idealismo y necesidad— marcó la agenda de la posguerra.

El capítulo cerró en una sala de conferencias en ruinas: mesas torcidas, pizarras aún con restos de ecuaciones, un proyector que había dejado de funcionar y una pequeña congregación de físicos que discutía hasta altas horas. Afuera, la ciudad continuaba su limpieza de escombros; dentro, se hablaba de protocolos, de cómo proteger la libertad de pensamiento en un mundo donde la ciencia había demostrado su doble filo. Uno de los veteranos, con la voz rota por el cansancio, dijo en un susurro que fue a la vez grito y consigna: “No podemos permitir que la ciencia sea sólo arma. Debe ser puente. Pero para eso necesitamos instituciones que no cedan la voz frente al poder.” Esa frase, pronunciada en el eco desnudo de una sala arruinada, resumía la sensación que ya comenzaba a tomar forma: Europa debía elegir entre resignación y reconstrucción, entre dependencia y la forja de una nueva política científica que pusiera en su centro la dignidad del conocimiento y la autonomía de quienes lo producen. Fue, en esos términos, el punto de quiebre.

Capítulo 3: De la arcilla al acelerador

LAUSANA AMANECÍA FRÍA y cortante en enero de 1949. El Palacio de Exposiciones, con su fachada algo severa, alojaba esa mañana un rumor que iba y venía entre pasillos forrados de abrigos y maletines; el aire olía a café recalentado y a piel mojada. Las sillas estaban alineadas en hileras, la tarima esperaba y un grupo heterogéneo ocupaba los primeros asientos: ministros de educación, rectores de universidad, físicos retirados con el cuello enfundado en bufandas y jóvenes investigadores que sostenían el peso del mundo en carpetas gastadas. Entre la muchedumbre había, además, una sensación compartida de urgencia: la ciencia europea, decía la conversación, ya no podía seguir enviando sus mejores cabezas fuera del continente como cartas que no volverían.

Louis de Broglie subió al estrado con la mesura de quien no necesita grandes gestos para hacerse escuchar. La figura del físico francés —elegante, tranquilo, con el gesto marcado por la disciplina de quien ha longamente pensado sobre la materia y la onda— llenó el espacio con una autoridad serena. Su voz, cuando habló, no buscó el estruendo: fue la de quien propone una reforma profunda sin estridencias. Hizo una pausa, miró a la audiencia y empezó.

Su argumento central fue simple y rotundo: Europa no podía reconstruir su prestigio intelectual dispersando a sus mejores mentes. La propuesta que presentó no era una petición de subsidios sino una visión institucional: un laboratorio regional, una infraestructura compartida que concentrara equipos que ninguna universidad por sí sola podría costear, y que ofreciera un polo de atracción para retener el talento. Habló de una "casa común para la física europea", frase que resonó como un lema y que, de inmediato, puso a la idea en el terreno de lo simbólico y lo práctico a la vez. No se trataba solo de construir un acelerador, explicó, sino de re-fundar una cultura científica que pudiera dar cabida a la ambición sin obligar al abandono.

El estrado devino en escenario retórico pero también en taller logístico. De Broglie dibujó con palabras la necesidad de compartir infraestructuras: aceleradores, detectores, laboratorios de vacío, talleres de precisión. Evocó la potencia de la colaboración: economías de escala que permitieran diseñar máquinas más grandes, programas de formación que hicieran de Europa un imán para investigadores y una estructura de gobernanza que evitara que el centro se transformara en dominio de un Estado fuerte. En pocas frases puso el problema en su justa dimensión: la física había entrado en una era donde los costes y la complejidad superaban las capacidades de instituciones aisladas. O se cooperaba o la ciencia europea quedaría relegada a un segundo plano.

La reacción del auditorio osciló entre la esperanza y la precaución. Hubo aplausos contenidos; algunos asistentes intercambiaron miradas largas, otras manos se llevaron el gesto a la barbilla en un cálculo silencioso. No faltaron las preguntas prácticas: ¿dónde se situaría la sede? ¿Quién pagaría? ¿Cómo se garantizaría que la dirección no fuese monopolizada por un Estado con más recursos? Esas preguntas eran el eco inevitable del pasado reciente, en que la ciencia había demostrado ser demasiado valiosa como para permanecer solo en manos individuales. La propuesta de de Broglie ofrecía una respuesta institucional a una herida geopolítica.

En los cafés suizos, las conversaciones se volvieron estratégicas. Las negociaciones informales, en mesas donde se servían cafés largos y pastas secas, fueron casi tan importantes como las deliberaciones formales. Allí se tejieron alianzas: físicos italianos que ofrecían apoyo logístico a cambio de puestos académicos; delegados franceses que proponían sedes compartidas por rotación; representantes de universidades pequeñas que pedían garantías para el acceso a tiempos de máquina. El idioma de la diplomacia científica se mezcló con el chiste y la confidencia: reuniones que empezaban con lattes terminaban con mapas y listas de nombres. Fue en esos cafés donde se resaltó uno de los aspectos políticos de la propuesta: si Europa quería evitar la fuga de cerebros debía también construir figuras de poder intelectual aceptables para todos, y eso requería paciencia y tacto.

Entre las figuras que gravitaron alrededor de la idea, el nombre de Niels Bohr resonó con especial fuerza. Bohr no estaba en Lausana aquel día, pero su apoyo conceptual y moral fue decisivo. Sus cartas, su correspondencia y sus conversaciones privadas con de Broglie alimentaron la legitimidad de la propuesta. Bohr concebía la ciencia como lenguaje universal y veía en la cooperación la única terapia social capaz de recomponer tejidos rotos por la guerra. Su apoyo no era únicamente retórico: ofrecía un modelo ético de la ciencia como puente. En reuniones privadas y en cartas públicas, Bohr exhortó a europeos y americanos a ver la iniciativa como una reconstrucción de la comunidad científica, no como un instrumento de rivalidad.

El discurso de Bohr se convirtió en moneda de cambio en las negociaciones: su nombre abría puertas diplomáticas, mitigaba recelos y justificaba ante ministros una inversión que, en la práctica, exigía paciencia política. En una memorable entrevista posterior, un joven físico recordó cómo Bohr había hablado con una simplicidad casi paternal: "No es solo saber más, es aprender a saber juntos." Esa máxima caló hondo. La invitación de Bohr era, en verdad, un gesto moral: dar a la ciencia un marco que le permitiera recobrar su vocación universal sin renunciar a la exigencia de reconstrucción material.

Pero la idea de un gran laboratorio europeo no estuvo exenta de tensiones. La legitimidad política fue un tema central. Una infraestructura de tamaña escala no sería solo un instrumento de conocimiento: consagraría, simbólicamente, la nueva forma de soberanía científica en el continente. ¿Cómo evitar que un laboratorio regional se volviera hegemonía de un Estado? La pregunta no era retórica. La escena diplomática de posguerra estaba llena de desgracias recientes; ceder control sobre un activo estratégico resultaba políticamente sensible. Se discutió hasta el detalle: reglas de voto, criterios para asignación de tiempos en los aceleradores, cuotas de financiación basadas en PIB pero con compensaciones para estados pequeños.

Esa búsqueda de equilibrio dio lugar a propuestas de gobernanza innovadoras. Se imaginó, por ejemplo, que el poder decisorio se repartiría en dos vías: representación administrativa de los Estados miembros en un consejo para las cuestiones de presupuesto y soberanía, y representación científica en comités que definieran prioridades técnicas y programas de investigación. La intención era clara: institucionalizar un diagrama donde el administrador mirara la viabilidad financiera y política, y el científico velara por la excelencia técnica. La dualidad prometía equilibrio, pero también abría potenciales fricciones. ¿Quién tendría la última palabra ante decisiones controversiales? La respuesta, pensaban muchos, residiría en la cultura del consenso y en la calidad moral de los dirigentes elegidos.

Había quien, con cierto cinismo, advertía sobre el reparto del poder: "No hay vacuna contra la política", decía un ministro, "si no pensamos en cuotas, esto será la cosa de un par de grandes." Y había quien, con igual certeza, respondía: "No podemos permitir que la política determine la ciencia; al contrario, la ciencia debe ser instrumento de cohesión." Ambigüedad y deseo se mezclaban. El desafío era, en efecto, enorme: crear un proyecto lo suficientemente técnico para atraer científicos y lo suficientemente político para ser una expresión de soberanía compartida.

Paralelamente se trazaron los primeros esbozos técnicos: discusión sobre tipos de aceleradores, estimaciones aproximadas de costos, necesidades de suelo, redes eléctricas y capacidades de producción industrial. Lew Kowarski, con conocimiento práctico de infraestructura, se situó en el centro de esos debates prosaicos. Kowarski habló de la importancia de empezar con una máquina viable que, con el tiempo, pudiera escalar. La visión técnica se emparejó con la diplomacia: construir una infraestructura desde la que pudieran participar varias naciones sin que ninguna concentrara todo el control. En suma, la ingeniería debía casar con la arquitectura institucional.

No faltaron los obstáculos concretos: financiación fragmentada, temores por posibles usos militares, acuerdos sobre la propiedad intelectual de desarrollos estratégicos y la preocupación por la distribución de beneficios académicos. La tentación de la soberanía—un país que insistiera en que su industria gane contratos—puso a prueba la vocación europea. El debate era candente: ¿hasta qué punto debería la industria local ser priorizada? ¿Cómo evitar que el proyecto se transformase en una fábrica de contratos nacionales en vez de un concierto de excelencia? Se habló de licitaciones internacionales, de comités de evaluación técnica y de cláusulas que exigieran participación transnacional en consorcios industriales.

Fue en Lausana, sin embargo, donde la idea germinal consiguió su gramática política. La sencillez del gesto de de Broglie —pedir una casa común para la física europea— eraconde la complejidad de su ejecución. El acto de proponer se volvió catalizador: ministros, científicos y asesores técnicos comenzaron a pensar en términos colectivos. El discurso había hecho creíble lo improbable: que Europa podría congregar recursos en un proyecto que legitimara su recuperación intelectual. La retórica no fue sólo persuasiva; fue operativa: de ahí surgieron comités, grupos de trabajo y la voluntad política de traducir la idea en estatutos.

Lausana no fue el último paso, pero sí la chispa que activó movimientos posteriores. En cafés y despachos se firmaron acuerdos de intención; en sobres se intercambiaron cartas de apoyo; en reuniones privadas nacieron las primeras alianzas entre investigadores que luego serían líderes de comités técnicos. De

Broglie, al bajar por la escalinata del Palacio, respiró el aire helado con la convicción de quien ha sembrado una semilla. La ciudad lo envolvió en su frío; su abrigo cerró el gesto. Caminó por calles cortas hasta el lago, donde la plata del agua parecía darle la razón: la idea había salido del estrado y había entrado en la política práctica. No era más que el inicio, dijo para sí; pero el inicio, en la fragilidad de la posguerra, bastaba para alimentar la esperanza.

La imagen que quedó —un profesor veterano saliendo al frío de Lausana con la sensación de haber puesto en marcha algo— condensó el espíritu de ese tiempo: una mezcla de idealismo y realismo, de audacia técnica y moderación diplomática. De Broglie sabía que la semilla requeriría paciencia, que el laboratorio que imaginaba demandaría compromisos difíciles y que la geopolítica no se domaba con discursos. Aun así, en su andar tranquilo se leía la certeza de quien había pronunciado una palabra necesaria: la cooperación podía ser el antídoto contra la dispersión del talento. Con esa convicción, Lausana quedó en la cronología como el sitio donde se plantó la idea que más tarde cobraría forma en piedra, acero y, sobre todo, en la voluntad de numerosos europeos decididos a reconstruir un espacio propio para la ciencia.

Capítulo 4: Sacos de cebada y el cielo de Mesopotamia

FLORENCIA EN JUNIO de 1950 tenía, a la vez, la gravedad de una ciudad que guarda siglos y la ligereza de un verano que aún no reclama su calor. Las paredes del convento o del palacio que alojaba las reuniones de la UNESCO estaban perfumadas de siglos y de resabios de incienso; por las ventanas se veían cipreses recortados contra un cielo puro y, fuera, los jardines ofrecían sombra y perfumes de hierbas. Llegaron delegados con maletines, secretarios con hojas provisorias, físicos con la mirada cansada por viajes largos. La ciudad imponía que las decisiones tuvieran un gesto simbólico: no se trataba de firmar meros papeles sino de conjurar una forma de reconstrucción europea que tuviera también un matiz ético.

Isidor Rabi subió al estrado con la fijeza que da la experiencia de quien ha visto la ciencia circular por terrenos contradictorios. Su figura, alta y contenida, proyectaba la autoridad de quien había convivido con las implicaciones de la investigación en tiempos de guerra. Cuando habló, Florencia se fue quedando en segundo plano: su voz cortó el rumor de las hojas cercanas y puso la reunión frente a una decisión que excedía balances técnicos. Rabi no vino a ofrecer lemas consoladores; vino a proponer un principio: que la ciencia colaborativa naciente se construyera sobre una obligación explícita de no militarización.

La moción de Rabi tenía dos notas distintas: ética y operativa. En términos éticos, proponía que el laboratorio europeo se fundara con un mandato explícito de servir a fines pacíficos, a la formación del conocimiento y al bienestar social; en términos operativos, exigía reglas concretas: prohibición estatutaria de investigaciones directamente destinadas a la guerra, obligación de publicar resultados en plazos razonables, y la creación de mecanismos de transparencia internacional que impidieran la militarización encubierta. No era un texto de retórica: su redacción formulaba sanciones administrativas, auditorías científicas externas y cláusulas de auditoría de proyectos sensibles.

El auditorio escuchó con el gesto dividido entre la esperanza y la suspicacia. ¿Era la UNESCO la instancia adecuada para legitimar un proyecto que necesitaba, además de legitimidad ética, recursos y acuerdos industriales? Rabi argumentó que sí: la UNESCO podía prestar el sello moral que necesitaba el laboratorio para tranquilizar a gobiernos recelosos y a públicos temerosos. Su resolución —delicada y precisa— buscaba convertir la apertura en condición ineludible para obtener apoyo. Publicar y transparentar no era solo un gesto idealista; era la palanca diplomática para que los Estados accedieran a aportar fondos sin temor de que sus contribuciones financiaran programas bélicos.

La reacción fue mixta. Para algunos Estados la cláusula de no militarización era imprescindible: la sombra de la Guerra Fría cubría cualquier proyecto transnacional y el miedo a que el laboratorio se transformase en fuente de ventaja estratégica era real. Para otras delegaciones, sobre todo aquellas con industrias que esperaban contratos, las obligaciones de publicación y transparencia se leían como una amenaza a la protección de know-how industrial y a los beneficios comerciales derivados de inversiones públicas. En la frontera de esas sensibilidades se inscribieron las discusiones más largas: ¿cómo conciliar apertura pública con la necesidad industrial de proteger patentes y contratos? ¿Cómo evitar que una cláusula ética se convirtiera en una traba para la financiación privada indispensable?

Fue en esas conversaciones donde emergieron figuras que luego serían decisivas. Edoardo Amaldi, con su tenacidad italiana, se mostró incansable en conciliar posturas. Amaldi combinaba una lectura política sensata con capacidad organizativa; sabía que la soberanía cultural italiana exigía posición firme pero también que el proyecto no sobreviviría sin acuerdos transnacionales. Pierre Auger, francés, elevó la voz por la comunidad científica: defendió la excelencia de la investigación fundamental por encima de intereses inmediatos, y apostó por la articulación entre universidades y el futuro laboratorio. Lew Kowarski aportó la experiencia práctica de quien había lidiado con infraestructuras complejas: sabía de qué manera los requerimientos técnicos podían tropezar con condiciones políticas. Juntos, en corrillos nocturnos, revisaron cláusulas, propusieron fórmulas de redacción y calibraron una mezcla de idealismo y pragmatismo. Las reuniones largas, interrumpidas por comidas en jardines y por paseos bajo cipreses, fueron el laboratorio silencioso donde se forjaron compromisos.

La resolución que finalmente Rabi propuso no fue absoluta; era fruto de concesiones cuidadosas. Prohibía explícitamente la investigación cuyo objetivo declarado fuera la guerra; imponía la obligación de publicar resultados y de someter a revisión externa proyectos que, por su naturaleza, pudieran tener aplicaciones militares directas. Para hacerlo ejecutable propuso institutos de revisión compuestos por científicos de terceros países y observadores de la UNESCO capaces de evaluar la naturaleza de los programas. La idea era crear capas de supervisión que, aunque no absolutas, constituyeran un freno institucional a la militarización encubierta.

El contraste con la Guerra Fría era ineludible. Por un lado, la URSS y Estados Unidos observaban con interés y recelo: ningún bloque quería que sus rivales obtuvieran ventajas tecnológicas ocultas. Por otro, muchos científicos de Europa Occidental veían en la propuesta un modo de mantener la investigación abierta sin someterla al secretismo bélico. La idea de transparencia actuaba, en este contexto, como dispositivo político: la obligación de publicar no era tanto un fin epistemológico como una garantía diplomática. Si los resultados se conocían, el miedo de que se fraguaran armas en la penumbra se reducía; la ciencia abierta era, en ese sentido, antídoto contra la militarización.

Aun con la resolución, los temores no desaparecían. Algunos gobiernos manifestaron desconfianza sobre la efectividad de la UNESCO para garantizar la seguridad; preguntaron quién controlaría los fondos, cómo se dirimirían alegatos de riesgo militar y qué pasaría si alguna nación decidía apartarse de los compromisos. Rabi y sus aliados supieron leer esa inquietud y ofrecieron un diseño de gobernanza: la UNESCO no sería la agencia que administrara fondos, sería en cambio el garante moral; la financiación debía seguir canales nacionales y multilaterales que respetasen la autonomía presupuestaria de los Estados. Esa concesión fue decisiva: la UNESCO cedía control financiero a cambio del poder de legitimación ética.

La intervención de Rabi y el trabajo de figuras como Amaldi, Auger y Kowarski cristalizaron en un paso institucional: la creación de un Consejo Provisional en 1952. El Consejo tuvo un mandato claro —transformar las resoluciones éticas y los esbozos técnicos en estatutos y reglamentos concretos— y tuvo tarea hercúlea: redactar cláusulas de gobernanza, diseñar mecanismos de auditoría científica, proponer posibles sedes, estimar presupuestos y negociar cláusulas de no militarización que resistieran el escrutinio jurídico internacional. Las sesiones del Consejo Provisional fueron largas; se trabajó en mesas separadas por idiomas y por sensibilidades, y se repasaron párrafos hasta ajustarlos lo suficiente para que todas las delegaciones pudieran rubricarlos sin humillación. Las tensiones internas fueron reales: idealistas que temían concesiones y pragmáticos que exigían realismos financieros. Aun así, el Consejo avanzó, fruto de un trabajo de artesanía institucional poco celebrada: redactores que corregían textos, asesores legales que discutían cláusulas en latín moderno, delegados ministeriales que mediaban.

Una imagen recurrente en el archivo de esos años es la de cenas largas en pequeños restaurantes florentinos, donde la diplomacia se hacía en platos compartidos, entre risas forzadas y negociaciones veladas. Allí se sellaron muchas frases que después aparecieron en los estatutos. Una anécdota contada en voz baja recuerda una noche en la que Auger, cansado, propuso una fórmula conciliadora y recibió una réplica en forma de tostada: el gesto selló la tregua. Estos gestos, prosaicos y humanos, muestran que la política científica es también artesanía relacional.

Sin embargo, el idealismo tuvo que convivir con concesiones. La UNESCO no controlaba los fondos, lo que significaba que la palanca moral podía palidecer ante la lógica financiera de los gobiernos; algunas cláusulas de protección industrial fueron aceptadas para asegurar pedidos y manufacturas; y ciertos acuerdos técnicos se hicieron con partner comerciales que exigían protección de propiedad intelectual. Esas concesiones mostraron el límite de la utopía: la aspiración de una ciencia desmilitarizada y completamente abierta requería, en la práctica, compromisos que el realismo político imponía.

Aun así, la intervención de la UNESCO y la resolución de Rabi tuvieron un efecto simbólico y práctico profundo: dieron al proyecto una palanca ética que sería decisiva a la hora de ganar la confianza de públicos y de gobiernos. La legitimidad de la empresa no era ya sólo técnica sino moral; un laboratorio europeo que se comprometiera a la transparencia y a la no militarización ofrecía un perfil que muchos Estados pudieron reconocer como aceptable.

La historia de Florencia cerró con una escena de jardín. Delegados, cansados pero satisfechos, posaron para la foto oficial. La cámara los encontró entre cipreses y bustos de mármol, con sonrisas que escondían el cansancio de días de negociación. Detrás, el cielo se abría como una promesa. La resolución de Rabi quedó, desde entonces, como epígrafe de la nueva empresa colectiva: no solo la técnica debía ser rigurosa; la institución misma debía comprometerse con un ideal de responsabilidad. Esa foto y esas sonrisas no cerraban la disputa sobre los límites entre idealismo y pragmatismo; apenas abrían el siguiente capítulo. Pero por primera vez, la reconstrucción científica europea tenía algo más que un plan técnico: tenía una carta ética que permitía pensar la ciencia como herramienta para la paz y no como pretexto para la rivalidad.

Capítulo 5:. El sistema sexagesimal y el peso del tiempo

LA DISCUSIÓN SOBRE dónde levantar la casa común de la física europea se desarrolló con la misma intensidad contenida de una conferencia diplomática: mapas desplegados, manos que señalaban delimitaciones y largas pausas para dejar que las palabras pesaran. Fue una etapa menos glamurosa que los discursos de Lausana o los acuerdos éticos de Florencia, pero quizá la más decisiva: la ubicación concreta del laboratorio no sólo determinaría logística y costes; definiría quiénes serían sus vecinos, qué idiomas resonarían en sus pasillos y qué símbolos marcarían su memoria colectiva.

Las opciones se barajaron como si se tratara de un rompecabezas político más que de un simple cálculo de ingeniería. En los despachos de ministros y en las mesas largas de cafés suizos, franceses e italianos se discutieron ventajas y riesgos. Algunos proponían emplazamientos que ofrecían terrenos baratos y acceso a industrias consolidadas; otros—con ojos en la historia reciente—abusaban de prudencias que soñaban con neutralidad. Había, además, consideraciones prácticas: acceso ferroviario, condiciones geotécnicas, disponibilidad de electricidad y agua, y la proximidad a universidades que pudieran ofrecer personal técnico y un ecosistema formativo. Y, por encima de todo, latía un factor político que a menudo volvía la discusión áspera: la cuestión de la sede implicaba reconocimiento simbólico y distribución de prestigio.

Suiza y la región de Ginebra se presentaron pronto como opción rutilante. La neutralidad suiza, su tradición diplomática y la presencia de organismos internacionales con sede en Ginebra ofrecían un escenario ideal para un proyecto que aspiraba a ser puente entre naciones heridas. Los partidarios de la región argumentaron que la ciudad no sólo daba prestigio, sino que ofrecía una atmósfera de seguridad jurídica y estabilidad política. Además, la frontera franco-suiza, sinuosa en su trazado, permitía imaginar infraestructuras que, aunque establecidas en un lugar concreto, operaran con una dimensión transnacional: fábricas en Francia, administración en Suiza, trabajadores cruzando pasos con frecuencia.

Francia, sin embargo, no aceptó la candidatura suiza sin exigir garantías. Para el Estado galo la construcción de una gran infraestructura científica en su frontera representaba una oportunidad industrial y simbólica. La industria francesa de precisión, metalúrgica y eléctrica veía la promesa de contratos a largo plazo. Los representantes franceses presionaron con argumentos prácticos: ofrecerían fábricas para fabricar piezas, mano de obra cualificada y un ecosistema de talleres mecánicos que podían responder rápido a diseños experimentales. No faltaron voces en Lyon y en la región del Ródano que, con mapas y cifras, esgrimían la conveniencia de emplazamientos alternativos. Al final, la negociación se desvió menos por geología que por reparto de contratos y símbolos de soberanía.

También hubo propuestas menos diplomáticas: tecnócratas británicos apontaron la necesidad de distancia frente a posibles interferencias militares; italianos reclamaron un lugar que favoreciera la inclusión de sus jóvenes equipos; los países más pequeños buscaron cláusulas que asegurasen su acceso a tiempos de máquina. Cada oferta traía consigo NO solo cifras, sino expectativas: puestos de trabajo, alianzas industriales y el orgullo de aportar piezas a la maquinaria de la ciencia.

En los mapas que se colgaban en las paredes de los despachos la región de Meyrin —las fértiles llanuras al oeste de Ginebra, con campos y pequeños pueblos— empezó a adquirir densidad. Técnicos y geólogos realizaron sondeos; carpinteros y agrimensores trazaron perfiles. Los informes geotécnicos que llegaron a las mesas mostraban un subsuelo razonablemente estable, un nivel freático manejable y una accesibilidad por carretera atractiva. Pero la decisión no se basó únicamente en tablas: hubo también encuentros con alcaldes, conversaciones con agricultores propietarios de parcelas y un trabajo delicado de diplomacia local. Para convencer a los vecinos hubo promesas pactadas: contratos con empresas locales, programas de formación, y la garantía de que la infraestructura no se cerraría a la región sino que se integraría en su tejido económico.

No faltaron resistencias. Para algunos campesinos la idea de que una máquina gigantesca se extendiera bajo sus tierras sonaba a invasión: ruidos nocturnos posibles, tránsito de camiones, contaminación visual y una perturbación de ritmos seculares. Uno de los agricultores se negó a vender y cerró la puerta de su granja con la serenidad de quien mide la persistencia de generaciones. Las negociaciones con ese caserío particular se convirtieron en microdrama. Funcionarios municipales, representantes del consejo provisional y técnicos se presentaron en la cocina, explicaron planos, prometieron indemnizaciones y visitaron los campos. Hubo reuniones largas donde se ofreció desde formación laboral hasta la posibilidad de que algunos hijos de la granja trabajaran en talleres del laboratorio. Al final, las tensiones se dirimieron con acuerdos mixtos: expropiaciones forzosas amortiguadas por compensaciones y programas de integración. La convivencia entre intereses públicos y privados marcó el carácter práctico del proyecto: la utopía cooperativa precisaba traducciones materiales.

Mientras tanto, en los pasillos donde se decidían condiciones más amplias, la diplomacia se volvió sutil. Se negociaron aristas que hoy parecen prosaicas pero que entonces eran esenciales: acuerdos aduaneros para el tránsito de piezas industriales entre Francia y Suiza, condiciones tributarias para evitar doble imposición de salarios transfronterizos, convenios de seguridad social para empleados que residieran en un país y trabajaran en otro. El laboratorio prometía ser transnacional en su lógica y local en su impacto; ergo, su arquitectura jurídica debía ser híbrida. Abogados y ministros trazaron cláusulas que permitieran, por ejemplo, que equipos franceses pudieran fabricar imanes en Francia y transportarlos a túneles emplazados en suelo suizo sin trabas interminables. Fueron discusiones aburridas para los cronistas, pero vitales para que la maquinaria técnica no se enredara en aranceles y burocracias.

En lo simbólico hubo concesiones igualmente calculadas. Se propuso que la sede administrativa quedara en Ginebra —la ciudad neutral que ofrecía legitimidad internacional— y que parte de la producción industrial y algunos talleres quedaran en el lado francés. Esa solución balanceaba soberanía y pragmatismo: Suiza aportaba la protección diplomática y la estabilidad institucional; Francia aseguraba la capacidad industrial. Para muchos fue un triunfo de la delicadeza política: un laboratorio que no sólo unía científicos sino que obligaba a naciones a coser compromisos.

No todo fue apacible. En los parlamentos hubo debates ruidosos. Diputados de regiones industriales reclamaron contratos y cautelas; partidos políticos debatieron la conveniencia de destinar recursos a una infraestructura internacional justo cuando reconstrucción y bienestar social eran prioridades apremiantes. Los ministros de finanzas hicieron cuentas: el proyecto exigía aportes que se debían justificar ante electorados que exigían hospitales, carreteras y escuelas. Fue necesario diseñar diagramas de contribución que aproximaran la inversión a beneficios tangibles: programas de formación para jovenes nacionales, cláusulas que incentivaran a empresas locales y la promesa de que los retornos técnicos se traducirían en transferencia industrial. La política nacional, que temía perder votos por gasto en grande ciencia, fue persuadida a base de promesas concretas y de garantías sobre empleo local.

En paralelo a la negociación política y jurídica se tejió un trabajo discreto pero central: el diseño técnico preliminar. Ingenieros trazaron planos de los primeros edificios administrativos, talleres de mecanizado, y los túneles iniciales. Se hicieron simulaciones del trazado del anillo, de la logística de suministro de imanes y de las redes eléctricas de altas prestaciones que se necesitarían. Las solicitudes de energía motivaron conversaciones con empresas electricistas y con autoridades locales: el coloso que se imaginaba iba a demandar cantidades significativas de electricidad y agua para refrigeración. Las primeras cartas a compañías eléctricas llevaban cifras que hacían palidecer a planificadores regionales: cuánto convertiría la ciencia en demanda palpable y en motor económico.

Los protagonistas técnicos no eran personajes abstractos sino hombres y mujeres que cruzaban entre oficinas ministeriales y talleres. Lew Kowarski viajaba con planos bajo el brazo, convenciendo a comités que la ingeniería era posible; Edoardo Amaldi detallaba cómo coordinar tiempos de máquina; Pierre Auger insistía en la necesidad de abrir programas de formación para jóvenes. Sus conversaciones en hoteles, en despachos ministeriales y en oficinas consulares fueron la nervadura práctica del proyecto. Hicieron falta no sólo saberes técnicos sino paciencia. Fueron largos meses de traducción: transformar el deseo de una "casa común" en contratos que aceptaran juristas y finanzas que entendieran los ministros.

Las negociaciones culminaron —no de manera concluyente, pero sí en una resolución operativa— en una cadena de acuerdos que definieron la sede en la región de Ginebra, con instalaciones que cruzarían la frontera y una administración emplazada en Suiza. Los gobiernos rubricaron preliminarmente un conjunto de compromisos: aporte financiero inicial, cláusulas de gobernanza que preveían cuotas proporcionales al PIB, y la aceptación de reglas de no militarización y transparencia inspiradas por la resolución de la UNESCO. La decisión fue recibida con alivio y con reservas: los periódicos celebraron la noticia, pero no faltaron columnas que recordaban los costos y las dudas.

Un episodio casi folklórico se convirtió en símbolo del paso de lo abstracto a lo concreto. Para asegurar el terreno, técnicos y diplomáticos organizaron una visita conjunta a un prado que sería parte de la obra. Caminaban por la hierba húmeda, con botas y abrigos, cuando uno de los delegados señaló una piedra aparentemente insignificante. Era la marca de un antiguo mojón que delimitaba una parcela. Surgió una discusión sobre lindes y escrituras; un abogado jubiloso sacó una copia de un mapa centenario y, con gesto de triunfo, resolvió la disputa. Aquella escena de papeles, botas embarradas y una risa contenida quedó como anécdota fundacional: la gran ciencia estaba siempre, en sus aristas menos glamurosas, sujeta a litigios de límites y escrituras de tierra.

En los meses que siguieron, se multiplicaron las visitas de delegaciones técnicas, las inspecciones geológicas y las firmas protocolarias. El clima diplomático permitió articular un cronograma: fases de expropiación y compra de terrenos, concursos de construcción para talleres y edificios administrativos, y la contratación de empresas europeas para fabricar e instalar los componentes iniciales. Para los ingenieros fue el momento de la verificación: pruebas de suelo, decisiones sobre cimentaciones y la elección de materiales adecuados para un túnel que debía resistir años de vibración y cargas industriales.

El proceso no estuvo exento de gestos públicos. En las plazas de Ginebra y en los salones municipales, autoridades se presentaron para explicar el proyecto a la ciudadanía. Hubo jornadas abiertas, mapas exhibidos y audiencias donde los vecinos plantearon sus preguntas: ¿qué ruidos habría? ¿cómo se gestionarían las entradas y salidas de camiones? ¿qué compensaciones habría por la expropiación de tierras? Las respuestas, a veces técnicas y otras veces políticas, tuvieron que ser convincentes. El laboratorio no podía nacer en la opacidad; su éxito dependía también de la aceptación de comunidades que hasta entonces habían vivido ritmos agrícolas y pequeños oficios.

Y así, con un juego de equilibrios finos entre técnica, diplomacia y política local, la idea se materializaba en tierra. No fue un proceso limpio ni exento de críticas. Algunos denunciaron privilegios regionales; otros cuestionaron prioridades de gasto; hubo quienes recordaron que la reconstrucción social post-guerra aún demandaba recursos que se destinaban a infraestructura científica. Sin embargo, la convicción general prevaleció: la ciencia, más que un lujo, era un acto de reconstrucción simbólica y práctica. Reunir a naciones en torno a una obra común era una apuesta por un futuro en que el saber no fuera arma exclusiva de pocos.

Cerró con una escena que anticipa la primera palada. Delegados, ingenieros, alcaldes y agricultores se encontraron por última vez en la explanada elegida. Un fotógrafo inmortalizó el momento: hombres con abrigos largos, mujeres con guantes, un cartel que señalaba las coordenadas del proyecto y la promesa escrita en un protocolo. Había rostros cansados y sonrisas contenidas; algunos miraban la cámara desde la memoria reciente de guerras y pérdidas, otros desde la energía de ver materializarse un sueño colectivo. Nadie fingía que todo sería fácil. Pero la decisión estaba tomada: la casa común de la física europea, con sus tensiones y sus promesas, empezaría a dibujarse sobre aquel prado.

Meses después, en mayo de 1954, la primera palada —ese gesto ritual de inaugurar la obra— se realizaría con cámaras de prensa y representantes que cortarían la primera capa de tierra. Sería la transformación visible de meses de negociaciones en una obra de acero y concreto. Pero entre esa palada y la firma del primer plano había quedado el rastro de las conversaciones: mapas discutidos a la luz de velas, acuerdos firmados sobre mesas de madera y pequeños compromisos que, suma a suma, construyeron la posibilidad de lo que vendría. La elección del sitio no había sido un mero acto técnico; había sido ensayo y error de la política en su forma más humilde: la de encontrar compromisos, respetar vecinos y asegurar que la gran empresa de la ciencia tuviera raíces no sólo en la geología, sino en la legitimidad compartida de quienes la habitaban.

Capítulo 6: La ilusión de la exactitud

LA SALA DEL CONSEJO era, por diseño y por voluntad, un lugar donde la humildad institucional se disfrazaba de ceremonial. Paredes de madera oscura, un óvalo de mesa amplio, micrófonos discretos y auriculares de traducción colgando de sillas: un escenario que invitaba a la solemnidad y a la negociación simultáneas. Las sesiones comenzaban con cafés y saludos formales; terminaban con acuerdos que debían conciliar la lógica disipativa del experimento con la lógica conservadora del presupuesto público. En ese vaivén cotidiano se jugaba la estabilidad del laboratorio: no sólo la buena marcha de proyectos científicos, sino la continuidad misma de una empresa colectiva que exigía paciencia, técnica y diplomacia.

La regla no escrita y sin embargo operativa era la composición dual del plenario. Cada Estado miembro enviaba dos voces: un delegado administrativo —habitualmente un funcionario del ministerio o un experto en finanzas públicas— y un delegado científico —un físico con credenciales investigadoras, a menudo proveniente de una universidad o centro nacional. La disposición formal buscaba un equilibrio perfecto entre política y ciencia; en la práctica, era fuente constante de fricciones. El delegado científico hablaba en términos de descubrimiento, sensibilidad experimental y horizonte de décadas; el administrativo argüía sobre márgenes de déficit, prioridades sociales y riesgo político. Las discusiones no eran solo técnicas: eran traducciones de cosmologías distintas sobre el tiempo, el valor y el deber público.

Una escena típica se repetía en numerosas sesiones: sobre la mesa, un expediente que proponía la compra de una partida de imanes superconductores para un nuevo anillo; en un extremo la explicación técnica —curvas de eficiencia, necesidad para alcanzar cierta energía— y, en el otro, una presentación en la que el delegado administrativo mostraba la contrapartida política: hospitales por construir, recortes en educación, elecciones a la vista. El delegado científico detallaba los beneficios en términos de descubrimiento; el administrativo recordaba que los presupuestos nacionales eran políticos y que un ministro de finanzas debía rendir cuentas ante electores que exigían hospitales antes que curiosidad fundamental. El resultado de la deliberación no dependía solo de la física: dependía de la capacidad de traducir el valor de la ciencia a términos comprensibles y defendibles frente a una audiencia pública.

En este ecosistema funcionaba el Comité de Política Científica, la brújula técnica del CERN. Sus miembros eran elegidos por mérito científico, no por representación nacional; su autoridad descansaba en reputación y en la percepción de independencia. Era allí donde se fraguaban las prioridades de investigación: qué experimentos financiar, qué programas de desarrollo de detectores priorizar, cuáles eran los calendarios aceptables para propuestas de largo aliento. El Comité no legislaba por sí mismo; proponía, evaluaba y presentaba argumentos que luego el Consejo debía traducir en decisiones políticas. Esa distancia entre recomendación técnica y decisión política era, a la vez, su condición de legitimidad y su talón de Aquiles: los ministros podían acoger o demorar sus sugerencias según circunstancias presupuestarias o presiones domésticas.

Paralelamente, el Comité de Finanzas jugaba un papel que muchos describían como la osteología del organismo: estructuras, números, articulaciones. Sus recomendaciones definían la factibilidad de proyectos y trazaban calendarios de aportes. El método para calcular contribuciones se apoyaba en una regla que buscaba justicia económica: cuotas proporcionales al PIB de cada país miembro. El criterio era razonable en abstracto, pero su aplicación fue siempre fuente de negociaciones duras. Gobiernos con coyunturas fiscales volátiles —cambios de gobierno, crisis económicas— reclamaban plazos, reducciones y moratorias. Algunos pedían ajustar la fórmula para que no penalizara a economías más débilmente capitalizadas; otros proponían compensaciones en especie: suministro industrial, subcontratación local o provisión de componentes.

La figura del Director General emergía en ese entramado como bisagra. No era un monarca; era un gestor con autoridad de mediación. El Director debía poseer suficiente credibilidad científica para ser creído por los físicos y la habilidad diplomática para negociar con ministros y embajadores. Su tarea consistía en transformar decisiones técnicas en narrativas políticas defendibles: explicar por qué un gasto millonario tenía sentido en términos de retorno científico y tecnológico, y al mismo tiempo amortiguar temores frente a audiencias públicas. En crisis, la gestión personal del Director muchas veces desatascaba procesos: llamadas a medianoche, conciliaciones en pasillos, apelaciones a la responsabilidad colectiva. Esa dimensión humana hizo que, en más de una ocasión, el estilo personal del Director inclinara la balanza; la institución dependía tanto del cargo como del carácter del que lo ocupaba.

La llegada de observadores externos trajo otra capa a la complejidad. Países como Estados Unidos y Japón, aunque no miembros plenos en los primeros tiempos, asumieron roles de vigilancia técnica y colaborativa. Su presencia en comités ad hoc permitió intercambio de tecnología y buenas prácticas sin ceder control político. El status de observador fue un mecanismo diplomático efectivo: abría puertas a colaboración tecnológica, financiación de proyectos específicos y asistencia industrial, sin conceder la soberanía que la membresía plena habría implicado. Sin embargo, esa figura también produjo ambivalencias: aceptar observadores multiplicaba capacidades, pero abría interrogantes sobre quién influía en diseños críticos y si la apertura excesiva erosionaba la autonomía europea.

El crecimiento institucional fue otro desafío práctico. El CERN se transformó de un club de entusiastas en un organismo internacional atractivo para naciones que buscaban prestigio científico y transferencia tecnológica. Pasar de una docena de miembros a más de veinte exigió rehacer cuotas, adaptar comités y reformular expectativas. Cada nueva adhesión implicaba recalibrar cuotas, redibujar representatividad y gestionar expectativas: países más pequeños pedían garantías de acceso; países grandes reclamaban amortizaciones de su inversión. La expansión multiplicó el pluralismo de visiones científicas y políticas, pero también tensionó la búsqueda de consenso. La identidad "europea" del laboratorio tuvo que convivir con una realidad que, inexorablemente, se globalizaba.

Ese modelo institucional empezó a ser descrito por algunos observadores como un prototipo de gobernanza técnica: una tecnocracia ilustrada donde expertos decidían prioridades con legitimidad pública. El arquetipo tuvo defensores y críticos. Los defensores señalaron que en contextos de alta complejidad—desarrollos tecnológicos caros y plurales—era razonable confiar en expertos que comprendieran plazos, riesgos y beneficios. Los críticos advirtieron sobre posibles déficits de rendición democrática: ¿quién supervisaba a los expertos? ¿Cómo evitar la emergencia de una elite técnica que, por su conocimiento, consolidara poder sin contrapesos adecuados? La respuesta institucional fue introducir mecanismos de transparencia, auditorías y representación mixta que intentaran reducir el riesgo de captura epistémica.

Las tensiones cotidianas eran, sin embargo, el termómetro más fiable de la salud institucional. Votaciones sobre grandes proyectos —la compra de imanes para un nuevo colisionador, la aprobación de fases para el LHC— exponían la fragilidad del consenso. En esas votaciones no bastaban argumentos técnicos; hacía falta alianzas políticas, intercambios de favores y la habilidad de traducir el valor científico a beneficio político. Hubo noches de votación donde las decisiones se tomaron a la una de la madrugada, con delegados agotados y ministros que habían aceptado plazos de pago ridículos para garantizar la aprobación. En esas horas se forjaban compromisos que después pesaban en la dirección del laboratorio.

Al cerrar una sesión particularmente tensa sobre un paquete de financiación, el Consejo solía inmortalizar el momento con una fotografía oficial: sonrisas medidas, apretones de mano y la sensación compartida de vivir en el borde donde la ciencia encontraba su soporte político. Esas fotos eran el espejo de una estabilidad que no era natural; era lograda. Cada consenso era, en verdad, el resultado de negociaciones continuas, pequeñas concesiones y la convicción, repetida por delegados y científicos, de que la cooperación internacional era la única vía viable para sostener infraestructuras científicas de esa escala.

En la intersección entre diplomacia y ciencia, el Consejo funcionaba como el órgano que transformaba ambición en posibilidad. Su pieza central no era la decisión puntual sino la capacidad de sostener un marco donde la excelencia técnica pudiera florecer sin quebrar el tejido político que la financiaba. Era, en suma, un ejercicio de equilibrio: traducir la curiosidad en proyectos defendibles ante públicos diversos, gestionar recursos y riesgos, y proteger la autonomía científica sin aislarla de la responsabilidad social. El resultado, con todas sus imperfecciones, fue el laboratorio: institución que, más allá de su maquinaria, reproducía cada día la forma en que la ciencia y la política podían pactar un terreno común.

Capítulo 7: El artesano, el escriba y el filósofo

JULIO DE 1956 TENÍA en Europa esa mezcla extraña de calor y tensión que producen los veranos cuando la política no ha conseguido desactivar los rencores de invierno. La Guerra Fría latía en sus márgenes: misiles y mapas, conversaciones cifradas y fronteras cerradas. En medio de ese clima, el Simposio sobre Aceleradores de Altas Energías y Física de Piones se anunció con la simpleza de un gesto técnico —una conferencia para intercambiar resultados y diseños— y con el subtexto de una prueba diplomática: ¿aceptarían los físicos soviéticos cruzar la cortina de hierro hasta Ginebra?

El Hotel Metropole, en la orilla del lago, se transformó por semanas en un teatro de encuentros. Sus salones, con cortinas pesadas y lámparas que difundían una luz cálida, olían a té de las cinco, a humo de cigarros bien cortados y a los aceites de los aparatos que permanecían en maletas y valijas. Productores de café italiano pusieron estaciones en los pasillos; secretarias italianas corrían con sobres sellados hacia la sala principal; intérpretes revisaban auriculares con gesto profesional. La infraestructura de la hospitalidad se mimetizaba con la de la ciencia: la logística del intercambio internacional era tanto papel como magnetismo.

La llegada de la delegación soviética fue un espectáculo contenido pero cargado de significado. Un autobús oscuro, con insignias gubernamentales, dejó en la entrada un grupo de hombres envueltos en abrigos pesados pese al calor. Cincuenta físicos, veteranos y jóvenes, bajaron con maletas, carpetas y miradas que medían el espacio; muchos hablaban en voz baja, consultando notas, otros intercambiaban afectos contenidos, como si el viaje fuera una prueba más que una simple agenda académica. Entre ellos había rostros curtidos por años de trabajo en instalaciones que, en Occidente, eran a menudo objeto de rumor y especulación.

En el lobby, las primeras presentaciones fueron tensas y toscas, pero humanas. Un físico soviético tomó la mano de un colega francés con gesto firme; un joven inglés mordió una sonrisa cuando una delegada rusa le preguntó por la mejor pastelería de Ginebra. Los idiomas se mezclaron y la mecánica de la diplomacia científica tomó forma: auriculares, traductores y el alivio práctico de apuntes compartidos. La escena recordaba que, pese a los muros geopolíticos, los científicos seguían compartiendo un lenguaje técnico que superaba, a veces con asombro, las barreras políticas.

El simposio mismo empezó con las formalidades esperadas: presentaciones sobre diseño de cavidades, estabilidad de haces y curvas de rendimiento de imanes. Lo técnico —matrices, curvas de afinación, diagramas de flujo de haces— ocupó la mañana; por la tarde, sin embargo, los pasillos se volvieron el escenario de lo imprevisible. Allí, entre el zumbido de las máquinas de escribir y las cápsulas de café, comenzaron los intercambios más relevantes: los soviéticos hablaron de avances en técnicas de detección y de ciertos métodos de sincronización de haces que, en algunos cuartos, habían sido considerados tecnologías sensibles. Los occidentales, a su vez, mostraron prototipos de cavidades resonantes y soluciones prácticas para control de vacío. Fue como si, lentamente, se descorrieran cortinas que durante años habían mantenido la opacidad.

La "diplomacia del vodka" no fue una frase improvisada: era la descripción de una práctica social que, en aquella época y en aquel lugar concreto, cumplió una función política evidente. Las recepciones oficiales, que por protocolo eran a base de brandy y champagne, dieron paso a cenas cerradas donde la bebida rusa circuló con naturalidad. En una de esas cenas, en la sala noble del Metropole, las copas de cristal se llenaron de vodka y la atmósfera cambió su registro: las formalidades cayeron, la risa fue más franca, la conversación menos medida. El licor, frío y directo, actuó como lubricante social; no fabricó acuerdos técnicos, pero permitió que las sospechas cedieran espacio a anécdotas compartidas.

La cena pasó de ser protocolo a laboratorio afectivo. Un físico soviético, entre risas tras una segunda copa, describió cómo habían resuelto un problema de sincronización en su sincrotrón con un arreglo de imanes algo improvisado; un ingeniero británico, impresionado, se acercó a tomar medidas y a pedir dibujos. En otra mesa, una discusión sobre calibración derivó en un intercambio de contactos: visita a un laboratorio en Praga a cambio de una visita recíproca a un taller de Birmingham. No todo lo que se dijo fue técnicamente revolucionario; muchas veces eran trucos de taller, recetas de ajuste fino, referencias que, una vez compartidas, multiplicaban la capacidad experimental de ambos bandos.

La apertura fue genuina pero no ingenua. Detrás de la camaradería había un riesgo real: información que en otros tiempos hubiera sido manejada por circuitos clasificados estaba ahora circulando en servilletas y esquemas dibujados a lápiz. Algunos delegados occidentales, atentos a pasados secretos de estado, trajeron consigo notas de advertencia. Agentes de seguridad en la periferia observaban, protocolos perfilados en la retaguardia. Para muchos, el simposio actuaba como test: ¿podía la ciencia abrir canales de confianza sin que eso se tradujera en ventaja estratégica? La respuesta emergió como una mezcla: se compartían técnicas, sí, pero también se aprendían límites —lo que se debía discutir en público y lo que debía quedar en los foros bilaterales cuidadosamente acordados.

Un momento emblemático ocurrió en la sala de exposiciones: un joven físico soviético subió a una pizarra y, sin traductor, empezó a dibujar el esquema de un detector que habían estado afinando. Los asistentes quedaron en silencio, la traducción llegó tarde y, aun así, la imagen era lo suficientemente clara: placas, conductos, una forma de hacer visible lo invisible. Un vector de intercambio se apagó y encendió como una máquina: se solicitaron notas, se hicieron fotocopias clandestinas y, en la tarde, apareció la promesa de artículos conjuntos. No fue una ruptura del telón de acero en términos políticos globales, pero sí lo fue en términos científicos: por primera vez en años, circulaban detalles técnicos con la misma naturalidad con que se entregaba una tarjeta de visita.

Las noches en el Metropole ofrecieron otras escenas menos contenciosas pero igualmente reveladoras. En el bar, un pequeño grupo quedó hasta la madrugada discutiendo experimentos y poemas. Un viejo físico occidental contaba sobre su escapada en bicicleta a la campiña inglesa y recibió, a cambio, la descripción de un paisaje industrial soviético que lo conmovió por su dignidad. Era la cercanía humana lo que sorprendía: tras las identidades políticas había vidas parecidas, afanes y apetitos por la curiosidad. Muchos recordaron luego esas noches como la instancia en que la enemistad se volvió menos absoluta.

Los beneficios prácticos del simposio se materializaron rápido. Acuerdos informales para estancias compartidas se firmaron en servilletas; intercambios de personal fueron pactados en cafés; la idea de publicaciones conjuntas —una herejía en tiempos de secretismo— dejó de ser tabú. Pequeñas comisiones organizaron visitas a laboratorios y laboristas propusieron estándares comunes para calibración de detectores. El intercambio técnico ayudó a mitigar redundancias: se evitó que cada bando desarrollara soluciones donde bastaba una colaboración; la ciencia, por una vez, operó como optimizador de recursos.

Pero el simposio también enseñó prudencia. Un delegado veterano avisó en voz baja que ciertos detalles no debían salir de los foros inscritos y que la colaboración debía quedar sujeta a acuerdos firmados. El mensaje fue recibido: nadie quería que la apertura se convirtiera en fuga de ventajas nacionales. Surgieron comités de seguimiento para traducir las conversaciones espontáneas en acuerdos formales que protegieran, por un lado, la apertura científica y, por otro, las obligaciones que algunos estados tenían respecto a tecnología sensible.

La repercusión fue más allá del hotel. Cuando las delegaciones se dispersaron, en sus respectivas capitales las radios y algunos periódicos hablaron no tanto de física de piones como de la inédita cordialidad entre científicos de bloques opuestos. Para diplomáticos prácticos, la noticia fue bienvenida: la ciencia había demostrado su capacidad de generar canales de comunicación cuando la política los había cerrado. El simposio, en ese sentido, fue un punto de inflexión: mostró que, aun en tiempos de rivalidad, la física podía ofrecer un terreno neutral.

El legado fue duradero. El ejemplo de 1956 se contaría después en el CERN como una de las marcas fundacionales de su identidad: un lugar neutral —o al menos un espacio donde la neutralidad se practicaba— en el que la técnica podía servir como puente. La práctica de visitas recíprocas y la política de admisión para científicos de todo origen se fortalecieron; la institución consolidó la idea de que la apertura controlada era un capital diplomático valioso. Años más tarde, los que narraban la historia recordaban la metáfora del vodka como una graciosa manera de explicar la lubricación social que permitió los intercambios; más que folklore, fue una observación sobre cómo los rituales sociales pueden transformar desconfianza en colaboración.

En la noche final, muchos delegados subieron a la terraza del hotel. El lago estaba sereno, la ciudad brillaba en lontananza y el viento trajo voces en distintos idiomas. Un grupo permaneció en silencio viendo las luces, con el gesto de quien no quiere romper una calma recién ganada. El pasado inmediato, con sus tensiones e ideologías, no había desaparecido; sin embargo, por unas horas, la física había probado que podía crear un espacio compartido donde la curiosidad —esa virtud que une— imponía su ritmo sobre la política. No fue la desaparición del telón de acero; fue, más modestamente, la apertura de una puerta: en tiempos de hierro, la ciencia había encontrado una rendija para el diálogo.

Capítulo 8: Relojes, lentes y compases

LA PRIMERA PALADA DE tierra aquel 17 de mayo de 1954 fue un gesto que pretendía ser ritual y, al mismo tiempo, operativo. Frente a cámaras de prensa y delegaciones ministeriales, hombres y mujeres con cascos posaron junto a una pequeña montaña de tierra removida; las palas resplandecían, y detrás, el prado que sería pronto zanja y túnel parecía aún invulnerable a la idea de máquinas colosales. Fue un rito de paso: lo simbólico anunciaba lo material. Quienes habían pasado meses negociando contratos, permisos y expropiaciones respiraron con alivio; quienes trabajaban en los planos tomaron la palada como promesa de que los bocetos ya no serían sólo diagramas. El orgullo se mezcló con el miedo práctico —¿y si las finanzas flaqueaban? ¿y si una inspección geológica obligaba a rediseñar cimientos?—; la ceremonia amortiguó por un momento esas preguntas.

Tras la palada vino la larga tarea de encarar lo imprevisto. Se excavó, se rellenó, se midió, se volvió a excavar. Los primeros meses en los que el proyecto dejó de ser idea y se convirtió en obra fueron de aprendizaje enfocado: domar tierras húmedas, gestionar aguas subterráneas, formalizar jabalcones de roca y diseñar fundaciones capaces de sostener máquinas con tolerancias micrométricas. El relato de la construcción está lleno de historias técnicas que hoy parecen anécdotas: el operador que descubrió una falla en un empalme porque, durante una noche, registró una vibración apenas perceptible; el equipo de albañiles que, a la espera de planos adecuados, tuvo que improvisar andamios que después se convertirían en parte de túneles permanentes. La ingeniería, en esos meses, tuvo la cara de la paciencia y la insistencia.

La primera máquina que el laboratorio pudo exhibir plenamente operativa fue el Sincrociclotrón —que entró en servicio el 11 de mayo de 1957—. Era, en términos prácticos, la primera gran herramienta de la casa: un acelerador donde principios de sincronización y campos magnéticos se combinaban para empujar protones a energías de alrededor de 600 MeV. Técnicamente, la solución fue ingeniosa y modesta al mismo tiempo. No era el coloso que muchos imaginaron al principio, pero su importancia radicaba en algo más sutil: ofrecía una plataforma estable para experimentos nucleares que antes requerían viajes largos a centros de ultracoste. El sincrociclotrón permitió a físicos europeos realizar estudios de estructura nuclear con una continuidad que sólo antes había sido posible en instalaciones más grandes y dispersas.

El SC exigió trabajo artesanal y dominio de técnicas que ya entonces estaban en rápida evolución. Sus cavidades de radiofrecuencia se afinaban a mano, con horas de ajuste para que la fase del campo eléctrico coincidiera con el paso de los protones; los imanes, fundidos y mecanizados con tolerancias estrictas, requerían alineaciones milimétricas; los sistemas de vacío se probaban una y otra vez, y cada fuga era motivo de noches de resolución. Las jornadas de puesta en marcha tuvieron escenas que quedaron en la memoria: técnicos que dormían en sacos junto a la consola de control, mecanos que afinaban empalmes a temperaturas que quemaban las manos, estudiantes que contaban con orgullo las primeras señales vistas en los contadores. Hubo errores menores y algunos grandes: aislantes que se rompieron, cables que se cortaron, calibraciones recalibradas. Cada fallo enseñó algo nuevo; cada ajuste correcto generó una emoción compartida que a veces se parecía a alivio y otras a éxtasis.

La primera circulación de un haz del SC produjo algo cercano a la euforia medida. No fue un estallido cinematográfico; fue un momento respectivamente técnico y humano: una luz en un display, un leve pico en una gráfica, manos que aplaudían con reserva. En el control, miradas secas se humedecieron. Alguien comentó luego, con la mezcla de humildad y orgullo que caracteriza a los ingenieros:

"Encendimos una cosa que hasta ayer era sólo un plano; ahora habla." La máquina, por primera vez, no fue idea sino voz.

La siguiente gran escalada fue el Proton Synchrotron, el PS, cuya inauguración en 1959 marcó un nuevo salto: energías que multiplicaban por decenas las alcanzadas hasta entonces y la ambición de colocar a Europa en la primera fila de la física de altas energías. El PS fue un reto de escala: 28 GeV, un anillo más vasto, sistemas de vacío y RF más potentes, y una exigencia de estabilidad de haces que obligó a innovaciones en control y monitoreo. La construcción del PS fue una demostración de lo que se podría llamar cultura de proyectos: coordinación industrial masiva, fábricas produciendo piezas con tolerancias extraordinarias, y equipos de diseñadores que integraban soluciones de superconductividad, vacío y control numérico.

El efecto político del PS fue inmediato y profundo. Europa, que hasta esa fecha había sido motivo de migración para talentos científicos, empezó a mostrar que podía construir máquinas comparables en capacidad a las estadounidenses y soviéticas. Eso influyó no sólo en revistas especializadas sino en salones de ministerios. El PS no fue sólo un logro técnico; fue prueba política de que la reconstrucción científica europea no sería menor que otras grandes empresas. Las delegaciones diplomáticas lo celebraron como símbolo concreto de recuperación y prestigio.

Detrás de esas máquinas hubo personas concretas que dejaron huellas indelebles: Odd Dahl y Cornelis Bakker fueron nombres que reaparecían en conversaciones, cartas y recuerdos. Odd Dahl, un ingeniero con espíritu práctico, traía la experiencia de trabajos difíciles en condiciones duras; tenía la capacidad de convertir dibujos abstractos en piezas que funcionaban. Era famoso por resolver problemas de mecánica compleja con trucos de taller que después serían institucionalizados. Cornelis Bakker, por su parte, actuó como puente entre el mundo teórico y la industria. Físico con sensibilidad técnica, comprendía la lógica de los laboratorios y sabía negociar con contratistas. Su oficio fue hacer creíbles decisiones que de otro modo se verían como riesgos insalvables: convencer a ministros de que valía la pena invertir en talleres localizados y en elevadas especificaciones de manufactura.

Felix Bloch, primera dirección técnica y institucional en los inicios, aportó un liderazgo que fue tanto científico como administrativo. Su presencia aportó calma y rigor en momentos donde la tensión de la construcción podía derivar en decisiones apresuradas. Bloch estableció normas de documentación, protocolos de prueba y una cultura de registro erróneamente subestimada pero esencial: no sólo se trataba de construir, sino de dejar trazabilidad para futuras mejoras. También impuso un estándar de calidad que luego definiría la reputación técnica del laboratorio: todo quedaba mensurado, registrado y sometido a verificación.

La cadena de innovación que nacía con el SC y el PS fue de carácter evolutivo y acumulativo. Cada máquina enseñó lecciones que se codificaron en procedimientos posteriores. El sincrociclotrón, con sus cavidades y problemas de vacio, dio pistas sobre diseño de estructuras de soporte y mantenimiento en túneles; el PS aportó conocimiento sobre estabilidad de haces y control de daños por pérdida de partículas. Esas lecciones habilitaron, décadas más tarde, proyectos como el ISR (Intersecting Storage Rings) y el SPS (Super Proton Synchrotron). El aprendizaje era explícito: fallos documentados, permisos de mantenimiento, listas de verificación y formación de personal. La cultura técnica del CERN se volvió de mejora continua: cada prototipo fracasado servía para no repetir errores y para diseñar sistemas con redundancias y medidas de seguridad.

No fue solo técnica. La maduración institucional del laboratorio incluyó el desarrollo de prácticas de equipo, turnos rotativos, formación intensiva para jóvenes técnicos y la profesionalización de oficios que antes se aprendían por imitación. Las primeras generaciones de técnicos desarrollaron manuales, prácticas de soldadura especializadas y procedimientos de crio-ensayo que más tarde serían enseñados en cursos y replicados en fábricas industriales. Había una creciente conciencia de que la ciencia grande exige un andamiaje humano: logística, gestión de mantenimientos, procesos de formación y una cultura de seguridad que se enriqueció con cada experiencia adversa.

Las noches en los túneles, cuando la luz fría de los focos dejaba ver el brillo de chapas y cables y el aire olía a aceite y helio, fueron la experiencia íntima que consolidó la identidad del lugar. En esos pasillos se forjaron amistades de por vida, así como heridas y cansancio. Hubo anécdotas que circulaban como leyendas internas: el mecánico que salvó un empalme crítico a las dos de la mañana con un recurso improvisado; la técnica que corrigió por intuición una alineación de imán que los cálculos no habían previsto; el estudiante que vio por primera vez en una pantalla el trazo de una colisión y quedó, como muchos, marcado por una mezcla de asombro y humildad.

El desarrollo fue también internacionalización práctica. El intercambio con laboratorios de EEUU y URSS sobre diseños, estándares y métodos de integración fue rico y, a veces, tenso. El PS había demostrado que Europa no solo podía seguir la estela tecnológica, sino también liderar en ciertas áreas de instrumentación. Esa posición atrajo talento, contratos industriales y la posibilidad de proyectos crecientes. La cadena desde SC a PS y más allá no fue sólo una sucesión de máquinas: fue la constitución de una capacidad industrial y científica que permitió a Europa convertirse en un actor de primera línea.

Al terminar la década, la sensación fue la de haber pasado de la esperanza a la factibilidad. Las máquinas estaban allí, con sus corrientes, sus vacíos y sus protocolos; los equipos humanos funcionaban; la infraestructura eléctrica y de servicios estaba en pie. Más allá de la euforia técnica, quedó también una conciencia de fragilidad: la complejidad de las máquinas exigía mantenimiento constante y recursos que debían gestionarse con prudencia fiscal. Había que conjugarlas con prudencia política y con una agenda de investigación que justificara los costes ante la opinión pública.

En una sala de control, jóvenes y veteranos contaban los picos en los osciloscopios y, al mismo tiempo, hablaban de lo que esas señales significaban para la curiosidad humana. Un físico mayor miró a los jóvenes y dijo, como quien ofrece legado y advertencia al tiempo: "Hemos construido ventanas; lo que entre por ellas dependerá de la honestidad y la modestia con que miren." La frase resonó. Las máquinas —Sincrociclotrón, Proton Synchrotron y las que vendrían— eran, en efecto, ventanas: al conocimiento, a la técnica y a la responsabilidad de quienes las operaban. Y sobre todo, eran el inicio real de una era en la que Europa recuperaría, pieza a pieza, su lugar en la conversación mundial de la física.

Capítulo 9: La cuantificación de la naturaleza

EL TALLER DONDE CHARPAK iteraba ideas parecía, a ratos, una fusión de carpintería y electrónica: mesas con fresas y sierras, estantes con bobinas, rollos de alambre como hilos de una telaraña, y bancos llenos de placas de circuito impreso. Era finales de los años sesenta y el CERN llevaba en los pasillos la sensación de que algo debía cambiar: los detectores clásicos —cámaras de burbujas que producían negativos de una belleza casi artesanal— ya no bastaban para responder a la avalancha de señales que los nuevos aceleradores prometían. Georges Charpak caminaba entre esas mesas con la calma práctica de quien sabe trabajar con las manos y con la cabeza. Tenía el temple de quien acepta el fracaso como etapa de un proceso, y la paciencia del hombre que repite pruebas hasta que el ruido se vuelve dato útil.

La cámara de burbujas era hasta entonces la reina de la instrumentación experimental: un tanque de líquido sobresaturado en el que las partículas dejaban trazos visibles, como huellas fotográficas, que luego debían ser reveladas, medidas y analizadas a mano. El encanto era enorme, pero la limitación también: el procedimiento era lento, costoso en tiempo de análisis y, sobre todo, incapaz de registrar tasas elevadas de eventos. Con los haces más intensos y la necesidad de estadística masiva para observar procesos raros, la cámara de burbujas frenaba la ambición de los experimentos. Charpak había visto esas limitaciones con ojos prácticos: la física necesitaba un registro rápido y electrónico, algo que convirtiese el impacto de una partícula en un pulso eléctrico listo para contar y procesar.

La idea inicial de Charpak no surgió de un golpe de inspiración aislado, sino de una acumulación de problemas y pequeños ensayos. Partió de la intuición de que una ionización en un gas podía explotarse de forma localizada mediante una red de conductores finos. Si una partícula producía pares iónicos al cruzar el gas, un campo eléctrico bien dispuesto podría producir una avalancha controlada cerca de un hilo conductor, transformando la interacción en una señal eléctrica clara. Multiplicar esa idea con cientos de hilos permitiría no solo detectar un evento, sino localizarlo con precisión espacial. Era la promesa de convertir la geometría continuada de una cámara de burbujas en un mapa segmentado, legible electrónicamente.

Los primeros prototipos fueron pequeños y toscos: un marco con hilos tensados, un circuito de alta tensión y una pequeña cámara de metacrilato llena de argón mezclado con un gas de quenching. Las primeras pruebas apenas producían señales distinguibles del ruido. Charpak y su equipo —técnicos avisados, estudiantes entusiastas y colegas con paciencia experimental— ajustaron tensiones, cambiaron mezclas de gas, variaron el diámetro y el espaciado de los hilos. Hubo noches de desesperación: descargas eléctricas que chamuscaban hilos, conectores que fallaban, rupturas de aislamiento. Pero también hubo noches de descubrimiento: un pulso nítido en un osciloscopio, la confirmación de que la avalancha ocurría donde debía y que el pulso era lo bastante localizado como para inferir coordenadas transversales.

La mecánica del éxito fue, en buena medida, artesanía rigurosa. Tensar hilos a tensiones constantes, construir cajas con aislamiento perfecto, diseñar empalmes de cable que no introdujeran fugas y, quizás lo más decisivo, desarrollar la electrónica de lectura: amplificadores rápidos y discriminadores capaces de convertir microvoltios en pulsos que un contador digital pudiera interpretar. Charpak comprendió que la invención no era solo la idea de la red de hilos, sino el conjunto que la hacía operativa: gas adecuado, geometría óptima, electrónica robusta y procedimientos de campo reproducibles en escala industrial.

Cuando el prototipo comenzó a entregar datos sólidos, la comunidad científica notó el cambio. La cámara proporcional multihilos (MWPC) revolucionaba dos parámetros cruciales: velocidad y tasa de eventos. Donde una cámara de burbujas podía registrar decenas de eventos por hora—suficientes en épocas menos exigentes— la MWPC podía manejar miles por segundo. La lectura electrónica sustituyó el proceso fotográfico y manual por un flujo continuo de señales digerible por ordenadores. Eso permitió a los experimentadores diseñar experimentos con estadísticas hasta entonces imposibles, reducir errores humanos en el procesamiento de trazas y confrontar teorías con muestras de datos mucho más grandes.

El cambio cultural que la cámara multihilos introdujo fue tan profundo como el técnico. La física experimental dejó de ser en parte una labor de artesanos que leían negativos en mesas de revisión y se mecanizó hacia el análisis en cadena: detectores segmentados, electrónica de front-end, adquisición de datos y algoritmos de filtrado. La escala humana de los experimentos cambió también: se necesitó más personal de ingeniería, electrónica y computación para sostener la masa de datos. Charpak no pretendía expulsar la sensibilidad humana del proceso; por el contrario, buscó habilitarla para preguntas más ambiciosas. Su gesto fue pedagógico: mostró que la innovación instrumental podía democratizar la recolección de evidencia, poniéndola al alcance de equipos más amplios y permitiendo que la física avanzara a ritmos distintos.

Las consecuencias operativas se sintieron pronto. Experimentos que requerían grandes tasas de colisiones y detección de partículas efímeras empezaron a ser factibles. La MWPC se multiplicó en aplicaciones: desde trazadores en haces hasta cámaras en experimentos de rayos cósmicos y espectrometría. En el CERN, y luego alrededor del mundo, se adoptó la filosofía de segmentación fina y lectura electrónica que Charpak había demostrado. La tecnología también facilitó la integración de detectores en entornos más complejos: la electrónica podía enlazarse a sistemas de adquisición, a triggers que decidían en fracciones de segundo qué eventos almacenar y cuáles descartar. Se abría así la puerta a la era del "big data" experimental en física de partículas.

El reconocimiento no se hizo esperar. En 1992 la Academia Sueca otorgó a Georges Charpak el Premio Nobel de Física por sus "invenciones y desarrollo de detectores de partículas, en particular la cámara proporcional multihilos." El galardón fue, para muchos colegas, la legitimación de un cambio de paradigma: no solo premiaba una máquina útil, sino la traducción práctica de una visión que transformó la manera de hacer experimentos. En el discurso de aceptación, Charpak mostró la modestia que le caracterizaba: habló de técnicos, de estudiantes, de noches largas y de prototipos quemados. Fue enfático en atribuir el mérito al trabajo colectivo y en recordar que la ciencia progresa también gracias a la mejora de sus instrumentos.

El impacto de la multihilos se extendió con el tiempo hasta convertirse en fundación de detectores más sofisticados. Los grandes detectores del LHC —ATLAS y CMS— son herederos directos de la filosofía de Charpak: segmentación fina, sistemas de trazado con millones de canales, electrónica de lectura masiva y arquitectura modular. Las cámaras de trazado modernas combinan tecnologías diferentes —silicio, cables, cavidades— pero la idea esencial de la lectura electrónica y la segmentación para manejar altas tasas proviene de las lecciones que Charpak enseñó. Los equipos gigantes que hoy trabajan en esos detectores siguen practicando la misma artesanía avanzada: calibraciones delicadas, empalmes fiables, protocolos de prueba y documentación rigurosa.

Pero el legado no fue solo técnico. Charpak mostró una actitud hacia la instrumentación que democratizó la invención. Compartía diseños, escribía notas prácticas y animaba a las fábricas a producir componentes a tolerancias asequibles. No era poseedor de un secreto; era, más bien, diseminador de herramientas. Esa generosidad facilitó que grupos pequeños, universidades lejanas y laboratorios emergentes pudieran implementar cámaras multihilos y participar en experimentos de mayor escala. Desde el epicentro del CERN, la técnica se propagó y se convirtió en lenguaje común.

También marcó culturalmente la transición de una física artesanal a la Gran Ciencia. Los experimentos empezaron a requerir plantillas organizativas inéditas: miles de colaboradores, coordinación de producción industrial, software de análisis compartido y estructuras de gobernanza para distribuir créditos y responsabilidades. Charpak no inventó esa maquinaria organizativa, pero su detector la posibilitó. Muchos jóvenes que hoy ocupan responsabilidades en proyectos internacionales comenzaron su formación aprendiendo a montar hilos, soldar empalmes y desarrollar tarjetas electrónicas en talleres que aún honran la memoria de aquel taller inicial.

En los pasillos del CERN, la figura de Charpak se recuerda no solo por la Nobelización sino por su modestia cotidiana: enseña a estudiantes, revisa prototipos con atención, y hace notar que la invención no es destino sino herramienta. En un pasillo puede encontrarse una vieja cámara multihilos expuesta como reliquia: no por nostalgia, sino para recordar que las transformaciones prácticas suelen nacer de mesas de taller y paciencia obstinada.

Charpak no intenta mitificar a un inventor solitario; más bien detalla la cadena causal que une una idea técnica y la matriz institucional que la recibe y la hace universal. La cámara proporcional multihilos fue una respuesta precisa a una necesidad concreta: leer el mundo con mayor velocidad y precisión. Su invención reescribió prácticas, permitió experimentos masivos y, a la postre, contribuyó a que la física moderna pudiera mirar procesos cada vez más raros con confianza estadística. Georges Charpak enseñó, con su obra, que la física progresa tanto por la audacia teórica como por la invención instrumental, y que la grandeza de un descubrimiento muchas veces depende de la capacidad de construir mejores ojos con los que mirar.

Capítulo 10: El límite de la vista humana

EL DÍA EN QUE EL PRIMER haz giró en colisiones cruzadas en el ISR, la sala de control olía a café frío y a cables recién soldados. No fue un estreno espectacular en clave mediática, sino un milagro discreto: pantallas que dejaban de parpadear, contadores que marcaban eventos, operadores que respiraban con menos prisa. El Intersecting Storage Rings —el ISR— era la apuesta de una generación por demostrar que los protones podían pelearse entre sí en un punto del espacio, y que de ese choque surgirían señales no accesibles en experimentos con blancos fijos. La diferencia no era sólo de física: era de arquitectura experimental y de economía de energía; dos haces opuestos permitían alcanzar en el centro de masas energías que, de otro modo, requerirían aceleradores de tamaño y potencia imposibles de construir con presupuestos modestos.

El ISR, que se abrió al público operativo a principios de los años setenta, fue un laboratorio de novedad y de errores pedagógicos. El diseño de anillos que almacenaran haces protones en circulación sostenida exigía una ingeniería nueva: vacío ultrabajo para evitar pérdidas por colisiones con moléculas residuales, sistemas de radiofrecuencia que compensaran pérdidas de energía, y sistemas de control de la estabilidad de la órbita de haz con tolerancias finas. Los primeros meses de operación estuvieron llenos de lecciones prácticas: cómo detectar pérdidas de haz con suficiente rapidez para no dañar componentes, cómo alinear imanes con micras de precisión, cómo gestionar resonancias colectivas que amenazaban con diluir la intensidad del haz. En los túneles, las conversaciones sobre betatron tune y chromaticity competían con las discusiones sobre contratos industriales y plazos partidarios. La obra fue, en definitiva, un aprendizaje en escala real.

Pero el gran reto que siguió a la experiencia del ISR no fue solo almacenar protones sino acumular antipartículas: antiprotones en cantidades útiles para colisionar con protones y acceder a canales de producción que prometían señales de nueva física. La idea de usar el SPS como colisionador de protones contra antiprotones requería, además de ingenio institucional y negociación política, resolver una dificultad técnica gigantesca: los antiprotones se producían en un blanco a partir de protones primarios y aparecían con una distribución angular y en fase que los hacía dispersos y poco útiles a menos que se pudiera concentrarlos.

Simon van der Meer, un ingeniero- físico de mirada reservada y talento práctico, enfocó ese problema con la modestia de quien sabe del trabajo de taller. Su aportación —lo que hoy se nombra como enfriamiento estocástico— fue principio simple y extraordinario: medir la desviación de una partícula en una toma (pickup), procesar esa información y aplicar una corrección con un kicker a una distancia adecuada, reduciendo sistemáticamente la dispersión del haz. En términos gruesos, se trataba de reducir la "temperatura" del haz: disminuir su emittance, hacer los haces más compactos en fase y, por lo tanto, aumentar la densidad de partículas por unidad de volumen para potenciar la luminosidad en el punto de colisión.

La propuesta fue recibida con escepticismo por quienes conocían la fragilidad de los sistemas de retroalimentación de baja señal y la enorme exigencia en precisión temporal: la señal del pickup debía ser amplificada y aplicada con retardos acordes a la diferencia de recorrido entre el pickup y el kicker; cualquier desajuste introducía ruido que podía empeorar la situación. Van der Meer resolvió problemas prácticos uno a uno: desarrolló amplificadores de banda estrecha de bajo ruido, diseñó líneas retardadas cuidadosas, pensó esquemas de procesamiento analógico para evitar latencias digitales que entonces eran inconcebibles y, sobre todo, insistió en pruebas a pequeña escala hasta alcanzar parámetros replicables. El rango entre la intuición teórica y la solución técnica concreta lo llenó de noches en talleres y de mediciones hasta la madrugada.

Los prototipos iniciales no siempre funcionaron. Hubo momentos de frustración cuando una bobina se calentaba o una soldadura fallaba; otros cuando una calibración incorrecta provocó la pérdida de una porción del haz. Sin embargo, los éxitos llegaron: un pulso bien sincronizado provocó la atenuación de las colas del haz, y la señal que mostraba la reducción de la emittance fue celebrada en voz baja con café a las dos de la mañana. La técnica demostró que, con paciencia y diseño fino, era posible transformar un haz caótico de antiprotones en un rayo práctico que pudiera ser almacenado y, pasado el tiempo necesario, inyectado en un anillo de colisión.

La construcción del Antiproton Accumulator (AA) y, más tarde, del Antiproton Collector (AC), no fue sólo la instalación de hardware: fue la consolidación de equipos humanos especializados. Van der Meer trabajaba con ingenieros de radiofrecuencia, técnicos en cableado, especialistas en criogenia y matemáticos que asistían en los modelos de ruido. En los corrillos del laboratorio se hablaba menos de glorias personales y más de listas de chequeo: comprobar impedancias, comprobar retrasos de fase, asegurar integridad de cables coaxiales y revisar el aislamiento de empalmes. En esas mesas se aprendió que la construcción de capacidad antiprotonera exigía humildad técnica y una cultura de verificación que, en época de plazos políticos ajustados, resultaba inmutable.

Simultáneamente, la idea de convertir el SPS de acelerador de protons a un colisionador proton-antiproton requirió no sólo la acumulación de antiprotones, sino la transformación del propio SPS: adaptación de líneas de inyección, sistemas de colimación y la arquitectura de detectores para soportar eventos de colisión con tasas y topologías distintas. Carlo Rubbia fue la figura que, con la ambición de un agitador intelectual y la capacidad de convocatoria política, empujó la idea de usar el SPS como máquina de colisiones p-$\bar{p}$. No fue un gesto puramente técnico: fue una operación de articulación institucional, negociación con comités y la persuasión de ministros sobre la conveniencia de invertir en una conversión que prometía descubrimientos de enorme impacto.

Esa articulación no estuvo exenta de controversias. Algunos físicos consideraban que transformar el SPS —una de las infraestructuras más potentes del momento— para colisionar protones con antiprotones era arriesgado y costoso; otros argumentaban que era la única vía práctica para alcanzar energías de centro de masas relevantes sin construir máquinas nuevas de mayor escala. La discusión académica se mezcló con la política de laboratorio: la opción elegida demandaba no sólo fondos sino plazos, contratos con la industria y acuerdos sobre la priorización de recursos humanos y técnicos.

La acumulación y el enfriamiento de antiprotones funcionaron finalmente como pieza crítica para generar la luminosidad requerida para la búsqueda de los bosones W y Z. Hitos técnicos significativos marcaron el proceso: la instalación de pickups y kickers en sectores del anillo, la calibración de retardos de fase con precisión de nanosegundos, la integración de sistemas de diagnóstico de haz capaces de medir emittance y densidad en tiempo real. Todo eso transformó el procedimiento experimental: donde antes la limitación era cuántas colisiones se podían observar, ahora la pregunta era cuántas interacciones por segundo podían ser analizadas y filtradas por complejos esquemas de trigger para seleccionar eventos raros.

Pero detrás de los dispositivos hubo también historias humanas contundentes. Van der Meer, hombre de pocas palabras, era percibido por colegas como artista de la instrumentación: se le atribuía la capacidad de solucionar problemas aparentemente imposibles con diseños sobrios y decisiones certeras. Tenía la costumbre de presentar resultados con humildad, y cuando el proyecto alcanzó su madurez fue casi siempre él quien, en silencio, ajustó un parámetro que hizo posible la acumulación. Sus noches en el laboratorio, sus listas de comprobación y su insistencia en la replicabilidad quedan en los relatos como ejemplo de que los avances cruciales raramente son fruto de golpes de efecto: son trabajo paciente, repetición y cuidado.

Igualmente relevante fue la coordinación entre grupos experimentales y equipos de máquina. Programas de inyección, sincronización de RF entre anillos, control de orbitas y procedimientos de estabilidad tuvieron que componerse con la lógica del análisis de datos: no bastaba con generar colisiones; había que detectarlas, almacenarlas y analizarlas con fiabilidad. Surgieron por ello equipos interdisciplinarios que cruzaban fronteras entre aceleradores y detectores: ingenieros de control trabajando codo a codo con físicos analistas para diseñar triggers, y programadores que escribían rutinas de adquisición tan críticas como los empalmes de cables de alta tensión. La sombra de la interdisciplinariedad marcó la era: nadie —ni el mejor teórico— podía pretender ganar la batalla de la energía sin el concurso de técnicos, electrónicos y programadores.

Cuando los primeros $p\text{-}\bar{p}$ realmente chocaron en el SPS a energías capaces de producir bosones W y Z, la atmósfera en el laboratorio se volvió tautológica y febril. Las pantallas mostraban cosas que hasta entonces eran hipótesis: picos en distribuciones de masa invariante, eventos con firmas de leptones energéticos y la posibilidad de reconstruir decaimientos que, a la postre, confirmarían predicciones de la teoría electrodébil. La comprobación final fue ritual y científica: calibraciones cruzadas entre detectores, testigos independientes de señal y un protocolo riguroso de revisión interna. El impacto fue un crescendo que culminaría en 1983 con la observación de los bosones, pero la partitura ya estaba escrita en las páginas técnicas de la década anterior: en el ISR, en los diseños de almacenamiento, en las mesas de sujeción de pickups y en el trabajo de van der Meer.

El episodio dejó también lecciones políticas. La conversión del SPS y la construcción del AA y AC mostraron la manera en que la innovación instrumental puede transformar oportunidades científicas en realidades experimentales; pero también señalaron los límites de la dependencia de una sola tecnología: la acumulación de antiprotones exigió recursos continuos, inversiones y seguridad política. La financiación, las decisiones del Consejo del CERN y la voluntad de los Estados miembros fueron, en fin, tan críticas como la genialidad técnica. Sin el acuerdo político y sin la paciencia de técnicos y funcionarios, la técnica habría quedado en prototipo.

El reconocimiento internacional no tardó. En 1984, Simon van der Meer y Carlo Rubbia fueron galardonados con el Premio Nobel de Física: el primero por su método práctico de enfriamiento que hizo posible la acumulación de antiprotones; el segundo por su iniciativa de convertir el SPS en colisionador y su liderazgo en la búsqueda del W y Z. El premio fue lectura simbólica y material de una verdad práctica: la física de alto impacto depende tanto de ideas teóricas como de soluciones instrumentales que las hagan observables.

Cuando se mira atrás desde el presente, la era que une el ISR, la invención del enfriamiento estocástico y la conversión del SPS aparece como la transición que llevó a la física de partículas desde un modelo de experimentación relativamente artesanal a uno donde la instrumentación y la gestión de haces se constituyeron en la condición de posibilidad del descubrimiento. La historia contiene, además, un recordatorio ético: la continuidad de una empresa científica de esa escala depende tanto de la maña técnica como de la gobernanza y del tejido social que la sostiene.

A diferencia de los grandes anuncios retóricos, los pasos fundacionales fueron a menudo discretos: una soldadura que resistió, un retardo de fase afinado, una noche de cálculo que demostró la viabilidad de un esquema. Fueron pasos modestos que, acumulados, forjaron la posibilidad de que una tarde de 1983 la comunidad científica pudiera testimoniar algo cuya visibilidad dependía de decisiones tomadas con décadas de antelación en talleres, salas de control y mesas de negociación. El capítulo concluye con esa idea: en la gran sinfonía de la física, el solo del instrumentalista que afina su aparato es tan indispensable como el acorde mayor que arranca la ovación.

Capítulo 11: El núcleo indivisible

A COMIENZOS DE LOS años ochenta, la física de partículas vivía una tensión que era a la vez teórica y humana. Las predicciones del Modelo Estándar señalaban con insistencia la existencia de los bosones intermediarios de la interacción débil —los W± y el Z0— pero la confirmación experimental exigía una combinación de energía, luminosidad y detectores hasta entonces inédita. El SPS, transformado por la iniciativa de Carlo Rubbia y la técnica de acumulación y enfriamiento de antiprotones, ofrecía esa oportunidad. En ese escenario nacieron dos grandes colaboraciones en la cavidad experimental: UA1 y UA2, dos equipos distintos en concepción y estrategia, unidos por un objetivo común pero divididos por estilos, tácticas y, en última instancia, por el ansia de ser los primeros.

UA1, liderada por Carlo Rubbia, fue concebida como un detector de propósito general. Grande, complejo, con capas múltiples de detectores, sistemas de trazado, calorimetría y muon chambers; su arquitectura buscaba identificar electrones, muones y medir energía faltante con precisión suficiente para reconstruir eventos con neutrinos invisibles. UA1 quiso abarcar: disponer de muchas variables de control para separar señales de fondo y medir parámetros con amplitud. Su filosofía era que el universo experimental se conquistaba con volumen y versatilidad.

UA2, por el contrario, bajo la dirección de Pierre Darriulat, adoptó la estrategia del minimalismo optimizado: un detector más compacto, afinado para identificar con precisión electrones y pares leptónicos. Allí la apuesta técnica era la resolución, la calibración exigente y la reducción de fondo en los canales específicos donde la señal del Z —decayendo en e+e−— sería más nítida. UA2 confiaba en la excelencia focalizada: si el objetivo era construir evidencias irrefutables para canales leptónicos, convenía especializarse, no dispersarse.

La complementariedad técnica, sin embargo, rápidamente se convirtió en competencia. Con haces de antiprotones y protones circulando en el anillo del SPS, la cuenta regresiva empezó en términos de estadísticas: cuántos eventos acumulaba cada detector, qué tan limpias eran las fichas de identificación, qué tan consistentes resultaban las calibraciones. En la práctica, la rivalidad tomó forma en noches de control y salas de reunión abarrotadas, en la carrera por optimizar triggers y en la discusión de cortes de análisis que podían convertir una fluctuación en una señal aparentemente convincente.

Lo técnico y lo humano se entrelazaron. Equipos de análisis trabajaban en turnos que llegaban a la madrugada. Los expertos en calorimetría afinaban calibraciones con fuentes y picos conocidos; los analistas de trazado depuraban algoritmos para separar electrones verdaderos de fotones convertidos; los físicos estadísticos discutían el tratamiento de fondos y la interpretación de picos en distribuciones de masa invariante. Cada vez que un grupo encontraba una pista —un exceso en una ventana de masas— la noticia recorría pasillos en susurros. Empezó a crecer una cultura del secreto: resultados prometedores se guardaban bajo clave interna; se compartían solo con unos pocos, se guardaban backups, se documentaban con fechas selladas. La presión por la primacía transformó la práctica científica en una carrera no solo por datos, sino por la presentación de esos datos.

La tensión por el crédito alteró hábitos profesionales. Se volvió común que analistas retuvieran plots llamativos hasta discusiones internas, que se pidieran verificaciones adicionales antes de hacer públicos cortes que podrían ser interpretados como evidencia. No eran trampas por malicia; la incertidumbre del proceso científico —el miedo a anunciar una falsa alarma— se combinó con la urgencia por lograr reconocimiento. En ocasiones la comunicación se volvió estratégica: filtraciones calculadas a prensa especializada, rumores colocados en manos de periodistas afines, maniobras de estímulo a comités internos. El laboratorio, que hasta entonces había intentado sostener una imagen de comunidad, vivió episodios en los que la reputación personal se volvió moneda tanto o más valiosa que las administraciones.

Las diferencias de estilo entre Rubbia y Darriulat cristalizaron la dualidad entre impulso y cautela. Rubbia, carismático y arriesgado, impulsaba la idea de comunicar avances con audacia, de forzar el ritmo para marcar la presencia de UA1 en la narrativa internacional. Darriulat, metódico y escrupuloso, exigía protocolos de verificación más rígidos: múltiples canales confirmatorios, cruzas sistemáticas de calibración y robustez estadística. Ambas posturas eran legítimas, ambas defendían el rigor científico; la fricción entre ellas, sin embargo, escaló a disputas públicas cuando la expectación creció en los medios y en el Consejo del CERN.

Técnicamente, la estrategia de detección buscó dos pistas principales. Para el W la firma fue indirecta: un electrón o un muón de alta energía acompañado de energía "faltante" (missing transverse energy) atribuible a un neutrino. Esa combinación exigía una calorimetría fiable para que la medida de energía invisible no fuera atribuible a fallos experimentales. Para el Z, el canal más limpio era la desintegración en pares leptónicos: $Z \rightarrow e+e-$ o $Z \rightarrow \mu+\mu-$, eventos donde la masa invariante de los dos leptones debía construir un pico claro sobre el fondo continuo. Reconstruir esos picos exigía calibraciones finas, control de resoluciones y un manejo estadístico cuidadoso del "look-elsewhere effect": la posibilidad de que, al buscar en muchas ventanas, una fluctuación aleatoria apareciera como señal.

Los meses previos a 1983 se convirtieron en un martilleo de calibraciones. Se multiplicaron controles cruzados: inyecciones de haces de prueba, uso de resonancias conocidas como referencia, comparaciones entre canales independientes. El trabajo de valida-ción tomó tono religioso: nadie quería presentar a la comunidad internacional un resultado que luego fuera retractado. Y aun así la presión se mantenía. Conferencias científicas, comités de financiación y la atención pública —cada vez más sensible tras la carrera por grandes máquinas— presionaban por anuncios que justificaran la inversión.

La frenética acumulación de datos finalmente dio frutos. En 1983, después de meses de trabajo, ambas colaboraciones presentaron evidencias que apuntaban a las partículas predichas por la teoría electrodébil. UA1 mostró eventos compatibles con W: electrones energéticos acompañados de energía faltante, y UA2 reportó picos coherentes en la masa invariante en canales e+e− que apuntaban al Z. La confirmación no fue inmediata ni sencilla: los trabajos internos pasarón por varias rondas de revisión, análisis de sistemáticos, y comparaciones independientes entre detectores. Cuando ambos equipos, casi en paralelo, anunciaron sus resultados, la comunidad respondió con una mezcla de júbilo académico y alivio científico.

El seminario de enero de 1983 fue un momento de catarsis. Presentaciones rigurosas, datos cruzados, listas de control exhaustivas: los portavoces mostraron picos estadísticamente significativos y explicaron su tratamiento de los fondos. Fue un triunfo colectivo del método experimental: independencia de canales, reproducibilidad y prudencia estadística. La confirmación consolidó al Modelo Estándar; abrió puertas a nuevas preguntas y, por supuesto, reordenó el mapa de reputaciones. En 1984 Carlo Rubbia y Simon van der Meer recibirían el Premio Nobel de Física: el reconocimiento de la comunidad científica a la conjunción de iniciativa institucional y aportación instrumental que había hecho posible la observación.

Pero el triunfo no cerró las heridas. La competencia intensa dejó marcas personales. Rivalidades dañadas, resentimientos por competencias internas y discusiones sobre autoría y crédito persistieron. Algunas relaciones profesionales se enfriaron; figuras claves que habían trabajado juntas vieron erosionarse la confianza. La presión por publicar primero había generado comportamientos que, retrospectivamente, se calificaron como éticamente grises: retención de información, decisiones comunicacionales discutibles y tensiones en comités de revisión. La experiencia enseñó que la urgencia por el descubrimiento puede empujar a decisiones que tensionan la cultura colaborativa.

Más allá de los conflictos interpersonales, el episodio dejó lecciones generales para la física experimental. La modernidad de la disciplina implicaba proyectos colectivos masivos donde la gestión de créditos se volvía compleja; las estructuras de autoría, de reconocimiento y de responsabilidad necesitaban protocolos más transparentes. Se consolidaron prácticas nuevas: acuerdos sobre publicación, mecanismos de revisión interna más formales y políticas de comunicación que balancearan prudencia y transparencia. La ciencia ganó en madurez institucional: aprendió a contener la emoción sin renunciar a la honestidad y a diseñar procesos que mitigaran la carrera por el primado.

La historia de la "Batalla de los Bosones" no es, finalmente, la historia de dos bandos enfrentados en una pelea sin sentido. Es la historia de una comunidad que, bajo presión, mostró lo mejor y lo peor de sí misma: innovación técnica, audacia institucional y, también, vulnerabilidades éticas. El descubrimiento de los W y Z fue hito fundacional para la física teórica y experimental; al mismo tiempo, el modo en que se produjo obligó a la disciplina a reflexionar sobre cómo repartir créditos, cómo proteger la integridad científica y cómo manejar la inevitable mezcla de ambición personal y proyecto colectivo.

En los aniversarios que siguieron, quienes se sentaban a contar la historia solían recordar no solo los picos en las gráficas sino las noches de café, las discusiones en pasillos y las manos temblorosas al presentar un plot que podría cambiar la historia. La emoción era genuina y la lección duradera: descubrir es, también, administrar la condición humana que acompaña al conocimiento.

Capítulo 12: 1938: Una mesa de madera en Berlín

LA NOTICIA DE QUE DOS grandes colaboraciones afirmaban haber llegado a señales que podrían corresponder a los bosones W y Z no cayó en el vacío; explotó en la prensa, en pasillos ministeriales y en despachos donde se decidía el destino financiero del laboratorio. En apenas unas semanas la competencia que había sido científica se transformó en desafío institucional: si el CERN no proyectaba una imagen de unidad y solidez, los Estados miembros tendrían motivos para dudar de su gestión y, por ende, de sus aportes futuros. Fue en ese clima de vulnerabilidad política —más que técnica— donde emergió la figura de Herwig Schopper como gestor preocupado por la estabilidad institucional.

Schopper no era un administrador de despacho; venía de la experiencia de laboratorio, conocía el lenguaje de los experimentadores y respetaba la rigurosidad del método. Pero también entendía la política con una claridad despiadada: la financiación del CERN dependía de una imagen pública que los ministros pudieran vender. Las noticias parciales que escapaban de los grupos y las filtraciones interesadas podían transformarse en factores de erosión. La riqueza de la física moderna, decía, era simultáneamente su fragilidad: máquinas caras, proyectos a largo plazo, dependencia de decisiones colectivas. En su despacho, con mapas de calendario y cuadros de contingencia, Schopper calculó riesgos y trazó un plan: la dirección del laboratorio debía ofrecer una versión única, consensuada y controlada de los resultados. No por deseo de ocultamiento, afirmó en privado, sino por responsabilidad institucional.

Organizar una rueda de prensa conjunta entre UA1 y UA2 —poner frente a frente a dos colectividades que venían compitiendo por el mismo hallazgo— fue una idea política antes que científica. Las implicaciones eran evidentes: un anuncio conjunto evitaría titulares polarizados, mostraría unidad y, sobre todo, permitiría a la dirección controlar el tiempo y el tono del mensaje. Pero el gesto exigía algo más que logística; exigía persuadir a líderes de colaboración que tenían razones muy personales para no ceder terreno. Convencer a Carlo Rubbia, impulsivo y acostumbrado a marcar presencia pública, no fue imposible: su apetito por la primacía podía, con habilidad, ser redirigido a la gloria compartida. Convencer a Pierre Darriulat, meticuloso y cauteloso, fue distinto: su prudencia científica no era retórica sino principio; comprometía su credibilidad que no deseaba subordinar a gestos de teatro.

Las maniobras políticas que antecedieron a la conferencia fueron delicadas y, para algunos, severas. Schopper midió la presión como quien calcula la corriente máxima que un cable puede soportar sin fundirse. Llamó a cada líder, concertó encuentros individuales, escuchó reparos y presentó la argumentación institucional: la fragmentación pública podía erosionar financiación, la prensa internacional multiplicaría cada matiz, las delegaciones ministeriales buscarían signos de liderazgo estable. Hubo, en esas conversaciones, desde la persuasión afectuosa hasta la advertencia fina: "No es tiempo de diferencias públicas," dijo Schopper en voz baja, "es tiempo de mostrar que el CERN funciona como una sola casa." No formuló amenazas explícitas, pero en el subtexto dejó claro el precio político de la disensión: pérdida de confianza por parte de los Estados miembros; ralentización de presupuestos; escrutinio público que dañaría la estabilidad laboral de grupos enteros. Para algunos fue un recordatorio brutal de que en instituciones a gran escala la autonomía científica puede chocar con la responsabilidad fiscal.

La preparación de la rueda de prensa fue, en lo formal, impecable. Se redactaron textos consensuados, se coordinaron diapositivas, se ensayaron preguntas y respuestas, se acordó el orden de aparición en el atril. Pero en la intimidad del laboratorio las costuras no cerraron sin grietas. Darriulat accedió a presentarse como signatario del comunicado conjunto con visible incomodidad; en sus notas privadas dejó constancia de reservas técnicas que no aparecían en la conferencia. Algunos analistas de UA2 sintieron que se les pedía avalar conclusiones que todavía demandaban más cruce de validaciones. A instancias de Schopper, se acordó que la redacción enfatizara la prudencia metodológica: "evidencias consistentes con...", "cautela estadística...", fórmulas que en la jerga científica atenuaban afirmaciones. Para Rubbia, la fórmula fue una victoria parcial: la gloria llegaba, aunque compartida; para Darriulat, la victoria era evitar un anuncio precipitado y mantener la credibilidad ante la comunidad.

La rueda de prensa tuvo la teatralidad fría de los actos planificados: salas con fotógrafos, micrófonos, streaming y traducciones simultáneas. El mundo observó el gesto de dos equipos que subían al atril y pronuncian una palabra común. La imagen proyectó calma institucional: CERN como bastión de la ciencia europea que comunica responsablemente. La prensa recogió titulares que mezclaban ciencia y espectáculo: la noticia oficial mitigó los peores pronósticos que habían circulado en las semanas previas. Desde la perspectiva de los estados miembros, el acto funcionó como la demostración de que la institución podía gestionar su crisis de imagen sin fracturas abiertas. Schopper, en ese momento, recibió felicitaciones públicas por su capacidad de gestionar un conflicto que podía haber devenido en daño político.

Pero la mediación tuvo un costo íntimo y práctico que el público no vio. Para Darriulat la presión ejercida —aunque no violenta— era incorruptible en su efecto: tuvo que avalar un comunicado que no expresaba todos sus escrúpulos. Esa conformidad forzada generó resentimiento en círculos técnicos de UA2; algunos jóvenes investigadores denunciaron luego una sensación de traición a las normas de verificación. Varios analistas que preferían procesos de revisión más dilatados sintieron que la dirección priorizaba el mantenimiento de la caja de resonancia institucional sobre la incertidumbre legítima del método. En días posteriores, hubo correos internos donde se leían reproches y silencios, y algunos miembros del equipo consideraron renunciar a cargos de visibilidad por no apoyar lo que percibían como una puesta en escena.

El episodio puso en tensión el ideal de la neutralidad científica y la necesidad práctica de proteger el laboratorio. ¿Era justificable imponer una apariencia de unidad en nombre de la supervivencia institucional? ¿Hasta qué punto la dirección podía argüir la preservación de fondos como razón para amordazar dudas abiertas? Son preguntas que cruzaron cafés, aulas y pasillos. La respuesta institucional, a corto plazo, fue pragmática: la rueda de prensa aseguró continuidad presupuestaria, preservó la confianza del Consejo y evitó la politización extrema del descubrimiento. A largo plazo, en cambio, dejó una huella en la cultura del CERN: la percepción de que la dirección podía, en nombre del interés mayor, empujar consensos que algunos consideraban prematuros.

Las consecuencias éticas fueron palpables y llevaron a debates posteriores sobre límites y garantías. Se impusieron dos cambios que, con sus sombras, intentaron mitigar las tensiones originadas por la coerción: por un lado, mayores procedimientos de revisión interna que obligaran a documentar discrepancias técnicas y a registrarlas públicamente cuando existieran; por otro, formación específica en comunicación para líderes de experimentos, con la intención de que la negociación de un mensaje público no se desarrollara a costa de la fricción científica. La dirección reconoció, en mesas cerradas, la necesidad de mecanismos que protegieran a los disidentes y la integridad del método científico.

El costo humano no fue solo de reputaciones. Algunos de los investigadores más jóvenes sintieron que su carrera se jugaba en decisiones comunicacionales y no solo en rigurosidad técnica. La presión por acomodarse a consignas institucionales erosionó la confianza en las prácticas colectivas; en casos aislados, ello derivó en salidas prematuras del CERN o en la erosión de colaboraciones que antes eran fluidas. Ese saldo demostró que la cohesión institucional no es un asunto neutral: se fabrica a costa de voluntades y, en ocasiones, de la autonomía intelectual de individuos y grupos.

La figura de Schopper quedó, entonces, ambivalente en la memoria colectiva. Para muchos fue el gestor que salvó la institución de un periodo de fragilidad; para otros fue el administrador que cruzó una línea al imponer consenso. En el balance, su intervención consolidó una lección institucional: que la dirección de una gran organización científica no podía limitarse a velar por la excelencia técnica; debía también responder por la legitimidad pública y por la capacidad de sostener el apoyo político. Pero la manera de hacerlo quedó marcada por la reflexión posterior: la transparencia no era, de por sí, suficiente; necesitaba traducirse en procesos que permitieran expresiones discrepantes sin que ello signifique fractura.

Tras la crisis se desarrollaron políticas y procedimientos nuevos: normas de comunicación pública acordadas por comités mixtos, protocolos de publicación que exigían versiones preliminares accesibles a comités independientes y, sobre todo, un esfuerzo por separar la verdad de la estrategia. Se establecieron canales internos para que discrepancias técnicas pudieran registrarse sin ser explotadas políticamente. Además, se creó la figura de un ombudsman científico, un árbitro interno encargado de mediar disputas técnicas y proteger a quienes expresaran reservas legítimas. Estas reformas no borraron las heridas, pero crearon estructuras que, con el tiempo, evitaron repeticiones mecánicas de coerción.

En las instituciones de la Gran Ciencia, la dirección puede ser bisagra que salve proyectos o instrumento que amordace dudas. La ética de la gestión exige reglas claras: protección de la integridad científica, canales para la disidencia responsable y una comunicación pública que no premie el atrevimiento sobre la prudencia metodológica. En el caso del CERN, la intervención de Schopper actuó como fibra de cohesión en un momento crítico; también abrió la discusión sobre los límites de la intervención ejecutiva en materias de juicio científico.

Al final, la historia no es la de un villano o de un héroe. Es la historia de una decisión institucional tomada bajo presión que resolvió un peligro inmediato y, al mismo tiempo, expuso una fragilidad estructural: la tensión entre la necesidad de imagen y la fidelidad al método. El legado fue mixto y pedagógico: la ingeniería de la ciencia y la ingeniería de la institución requieren, cada una, su propia ética. Y sobre todo, la experiencia dejó claro que ningún gesto de gestión es neutral ante la carrera del conocimiento; cada decisión de la dirección se escribe también en la biografía de quienes hacen la ciencia y en la memoria colectiva de la comunidad científica.

Capítulo 13: La pérdida de la inocencia científica

A FINALES DE LOS AÑOS ochenta, el CERN funcionaba ya no sólo como taller de imanes y túneles sino como un depósito gigantesco de documentos, diseños, memorandos y notas técnicas dispersas en sistemas heterogéneos: ficheros en mainframes, directorios locales, hojas impresas en oficinas que nadie había escaneado, correos electrónicos en formatos distintos. Para los físicos que necesitaban consultar especificaciones de detectores, planos de cavidades o resultados preliminares de colaboraciones lejanas, la burocracia informacional era una barrera práctica. Pedir una copia de un informe podía convertirse en una odisea: llamadas transfronterizas, faxes, esperas. La necesidad tenía un rostro prosaico y recurrente: fusionar conocimientos dispersos y permitir a un investigador en Ginebra leer, en cuestión de minutos, lo que hasta entonces implicaba semanas.

Tim Berners-Lee llegó a ese paisaje con la convicción de que la tecnología podía hacer desaparecer esa fricción. Era un ingeniero de software con una mezcla de modestia y claridad conceptual: no se trataba de inventar una maravilla tecnológica abstracta sino de ofrecer una herramienta práctica que coordinara documentos por enlaces. Berners-Lee había trabajado con ideas previas —un prototipo llamado Enquire que había desarrollado para uso personal— y comprendía que buena parte del problema era la ausencia de un "idioma" común para referenciar recursos. Su propuesta, formulada en 1989, fue extremadamente simple en su radicalidad: definir un sistema de identificadores únicos para recursos, un protocolo para transferirlos y un formato ligero para describirlos de modo que fueran fácilmente enlazables. En términos técnicos eso se tradujo en tres piezas conceptuales que iban a cambiarlo todo: un localizador uniforme de recursos, un protocolo de transferencia y un lenguaje de marcado.

La simplicidad de la idea escondía, como siempre, un entramado de decisiones de diseño prácticas. ¿Cómo llamar a un documento localizado en un servidor remoto? ¿Cómo representarlo sin imponer una semántica rígida? ¿Qué debía ser la unidad de enlace? Tim construyó una sintaxis que hoy resulta casi natural: direcciones legibles para humanos que contenían la ruta a un recurso; un protocolo que resolvía la solicitud y la entrega; un formato de texto que permitía insertar enlaces. Pero en 1989 esas decisiones no eran triviales: implicaban negociar con sistemas dispares, diseñar reglas de codificación y prever cómo crecería la red sin ahogarla en complejidad.

La implementación práctica vino rápido. Berners-Lee, con el apoyo de un reducido entorno técnico y la cooperación de Robert Cailliau —un colega de perfil más pragmático y con mayor alcance institucional— construyó el primer servidor y escribió el primer cliente. La máquina elegida fue un ordenador NeXT, una estación de trabajo que Tim usó como banco de pruebas: allí corrió el primer servidor web y el primer navegador, que a la vez era editor: la primera aplicación que permitía no solo leer páginas enlazadas, sino escribirlas y conectarlas. Las primeras páginas web de Tim eran instructivas y sencillas: guías sobre cómo usar la red interna, ejemplos de enlaces y explicaciones del proyecto. La web, en su origen, no fue diseñada para el espectáculo; fue una herramienta para resolver un problema cotidiano en el laboratorio.

Robert Cailliau aportó desde su lugar una energía distinta: diplomacia técnica y capacidad de traducir la propuesta en términos institucionales. Trabajó con Berners-Lee para convencer a direcciones y servicios informáticos de que la idea merecía pruebas a nivel del laboratorio entero. Juntos presentaron la herramienta, refinaron protocolos y empezaron a documentar usos posibles: desde catálogos de experimentos hasta agendas de reuniones enlazadas con actas. La colaboración entre el ingeniero solitario y el gestor práctico simbolizó la condición necesaria de una innovación útil: tecnología más apoyo institucional.

La construcción del primer servidor y del primer navegador fue, en términos creativos, una pieza de ingeniería pura. El servidor debía escuchar peticiones en un puerto conocido, analizar una URL, buscar el recurso en disco y devolverlo con cabeceras que indicaran tipo de contenido y longitud. El navegador, por su parte, requería una interfaz que tradujera hiperenlaces en acciones: hacer clic, solicitar, mostrar. En el NeXT, con su interfaz gráfica avanzada para la época, Berners-Lee ensambló las piezas y probó cadenas de navegación que hoy parecen obviedades: saltos de un documento a otro con un clic. Las primeras demostraciones, en pasillos y oficinas, generaron más curiosidad que éxtasis; la gente veía la funcionalidad con pragmatismo: "esto nos hará la vida más fácil", decían, sin imaginar todavía la amplitud social que la herramienta alcanzaría.

La decisión del CERN frente a la creciente utilidad del sistema fue de carácter ético y estratégico. A comienzos de los noventa, cuando la herramienta ya funcionaba internamente y el interés fuera del laboratorio crecía, se planteó una cuestión crítica: ¿patentar, licenciar o liberar? Patentar habría cerrado puertas; licenciar cobraría tasas que habrían sembrado barreras. Berners-Lee y Cailliau, y con ellos un conjunto de administradores del CERN, optaron por lo que describirían como la decisión fundacional: liberar el protocolo y las implementaciones sin coste de licencia y con una filosofía de acceso abierto. En 1993 el CERN anunció públicamente que la World Wide Web sería puesta a disposición sin restricciones de uso. Fue una decisión no trivially política: transformó la creación de la web de un recurso interno a un bien público global.

Esa decisión tuvo efectos inmediatos y potentes. Liberar el código y el protocolo significó que universidades, laboratorios, empresas y usuarios individuales pudieron construir servidores, diseñar navegadores y enlazar recursos sin pagar ni pedir permiso. La Web se comportó como una levadura: creció exponencialmente. Nuevas implementaciones proliferaron, programadores aportaron mejoras, gráficos dinámicos y multimedia fueron incorporados y, de forma casi imprevisible, la herramienta que había solucionado un problema documental en un laboratorio comenzó a transformar la manera en que la información circulaba en la sociedad entera. De los catálogos técnicos se pasó a las bibliotecas digitales, de las actas a los archivos accesibles, y pronto los periódicos, las bases de datos y el comercio encontraron en la red un canal insospechado.

El impacto en la cultura científica fue inmediato. Archivos enlazados, preprints accesibles y la posibilidad de citar recursos con enlaces transformaron prácticas: la documentación ya no era un obstáculo logístico sino un recurso vivo. La colaboración internacional se aceleró: investigadores podían revisar diseños de detectores, replicar protocolos y compartir datos de calibración con una eficiencia inédita. La ciencia, que siempre fue red de confianza, ganó en velocidad y en visibilidad. Pero el impacto se trascendió: la Web no quedó acotada a la comunidad científica; su arquitectura abierta y su modelo de enlaces transformaron el comercio, la educación y la esfera pública.

Personas y atmósfera merecen un párrafo aparte. Tim Berners-Lee es recordado, en los pasillos de Meyrin, con esa mezcla de modestia y compromiso que distingue a quienes inventan para el uso común. No buscó gloria corporativa; buscó una herramienta útil y la compartió. Robert Cailliau aportó pragmatismo, redes institucionales y capacidad de explicar la propuesta a quienes decidían fondos y política. En los primeros meses hubo entusiasmo contenido: programadores que pulían servidores a la mañana y técnicos que hacían demostraciones a delegados a la tarde; hubo jóvenes que, fascinados, comenzaron a imaginar usos en humanidades y gestión pública. La atmósfera era de bricolaje creativo con sentido público.

El desenlace no fue simplemente técnico: fue cultural. La liberación del código por parte del CERN convirtió a la Web en infraestructura básica de la era digital. Decisiones institucionales —como la renuncia a la monetización del protocolo fundamental— dirigieron el crecimiento hacia la adopción masiva. La web mostró que las externalidades sociales de una innovación tecnológica dependen tanto de la invención como de las normas de acceso.

La primera página que Tim escribió en el NeXT, una guía titulada "Cómo crear una Web" y una lista de recursos, sigue existiendo como testigo. En ella no había grandilocuencias, sólo instrucciones prácticas para enlazar documentos. Ese gesto pedagógico —enseñar a otros a construir— resume la ética del proyecto: tecnología que se multiplica no por cerrado monopolio sino por difusión. El gesto decisivo del CERN —liberar la web como bien común— convirtió una herramienta de laboratorio en infraestructura del mundo contemporáneo, y dejó una lección institucional perdurable: que la mejor apuesta por el conocimiento colectivo muchas veces es la que hace el acceso irrestricto su principio fundacional.

Capítulo 14: El desierto de Los Álamos

A MEDIADOS DE LOS AÑOS noventa la decisión de ir más allá de los aceleradores existentes tomó la forma de una frase concreta y, al mismo tiempo, de un mapa: reutilizar el túnel circular que había albergado el LEP para convertirlo en la cámara de una nueva ambición. La idea era tanto técnica como económica: el anillo ya allí, la geología conocida, la infraestructura subterránea parcial. Pero la apuesta exigía transformar aquel recorrido de 27 kilómetros en algo que nunca antes se hubiera intentado: un colisionador de protones con energías inéditas para Europa. Así comenzó la trama del LHC, un proyecto que se definió por su escala, por la densidad técnica de sus desafíos y por la complejidad política que acompaña a cualquier apuesta de megaciencia.

La geometría del LHC tiene la apariencia de una frase sencilla: 27 kilómetros, un anillo bajo la campiña franco-suiza, enterrado a decenas de metros de profundidad en tramos que cruzan jurisdicciones y aguas subterráneas. Detrás de esa frase estaban implicaciones técnicas enormes: mover protones casi a la velocidad de la luz requiere imanes extremadamente potentes para curvar sus trayectorias; mantenerlos en estado de vacío ultrabajo y sincronizar campos de radiofrecuencia exigía una armonía de sistemas que debían funcionar durante años sin fallo. La decisión de reutilizar la circunferencia del LEP resolvía un problema de economía de base, pero introducía restricciones de integración: el trazado no podía modernizarse libremente; había que encajar nuevas cavidades, imanes y cavernas experimentales en una infraestructura con historia.

El gran desafío técnico del LHC fue —y sigue siendo en su magnitud— la magnetotecnia y la criogenia. Para curvar protones de alta energía hacen falta dipolos superconductores que generen campos de varios teslas. El LHC optó por imanes basados en cables de niobio-titanio (NbTi) empaquetados en racimos complejos y arrollados con tolerancias micrométricas. Cada dipolo pesaba toneladas y debía alinearse con precisión para no introducir perturbaciones en el haz. Pero la superconductividad exige temperaturas extremas: el LHC trabajó con helio en estado superfluido a 1,9 kelvin —más frío que el espacio interplanetario— para mantener los cables sin resistencia y permitir campos altos y estables. Mantener cientos de kilómetros de criogenia funcionando de forma continua significó desarrollar una ingeniería de sistemas de refrigeración sin precedentes, con plantas de helio, compresores, intercambiadores y un entramado de tuberías que debía resistir no solo la presión del frío sino la vibración, la fatiga térmica y la integridad a largo plazo.

El riesgo técnico más palpable estaba en los quench: la pérdida súbita de superconductividad en un tramo de cable que convertía energía magnética en calor y vapor de helio. Un quench podía liberar energía suficiente para desplazamientos mecánicos y daños en empalmes si no se gestionaba con rapidez. Diseñar sistemas de protección, disipación de energía y empalmes robustos fue trabajo de años y de pruebas hasta el límite. Los ensayos en banco fueron interminables: dipolos puestos a prueba en criostatos, cables sometidos a ciclos térmicos, empalmes verificados con métodos redundantes. Las pruebas de serie y la "training" de imanes —hacerlos operar a campos progresivos para que cedieran en fallos bajo control— fueron operaciones que consumieron tiempo, paciencia y práctica industrial.

Los detectores concebidos para leer las colisiones del LHC se proyectaron como máquinas del tamaño de catedrales. ATLAS y CMS, los dos detectores generales más grandes, nacieron con arquitecturas distintas pero con la misma intención: reconstruir, con precisión, los cientos de millones de eventos por segundo y seleccionar, entre ellos, aquellos raros que podrían implicar nuevas partículas. ATLAS creció como una estructura de enormes dimensiones, con un enorme sistema de muones y un entramado de calorimetría y cámaras de trazado. CMS, con filosofía de diseño diferente, se caracterizó por concentrar una gran masa de calorímetro y un solenoide superconductorio central de alta intensidad, dispuesto para ofrecer resolución de energía excepcional. Ambos requerían cavernas subterráneas inmensas —excavaciones que implicaron ingeniería civil de alto riesgo— y montajes que a menudo se realizaron en superficie para luego infiltrar piezas enormes en espacios subterráneos por bóvedas y rampas.

Construir estos detectores fue, a su modo, una epopeya industrial. Miles de instituciones y empresas, de Europa y del resto del mundo, participaron en la fabricación de elementos: sensores de silicio, calorímetros de plomo y plástico, paneles de electrónica, fibras ópticas, sistemas de refrigeración local, routers de datos y muros de blindaje. Las cavernas se diseñaron con acceso para grúas especiales; los componentes, a veces de muchas toneladas, se trasladaban con operaciones orquestadas al detalle. La coordinación logística exigió calendarios ajustados, contratos que protegieran entregas y equipos humanos capaces de integrar piezas producidas en fábricas con especificaciones mínimas. La innovación industrial fue tan decisiva como la científica: las empresas que encontraron contratos desarrollaron capacidades nuevas en soldadura cryogénica, en fabricación de imanes y en electrónica radiaresistente.

Los retos no se limitaron a la ingeniería sino que se extendieron a la política y la financiación. La aprobación formal del LHC (1994) fue el resultado de años de negociación: convencer a ministros de ciencia y finanzas de que la inversión —decenas de miles de millones en euros actuales— era justificable. El proyecto exigió acuerdos sobre cuotas de contribución, compensaciones industriales y calendario. Las discusiones políticas mezclaron argumentos científicos con cálculo geopolítico: la inversión en el LHC se presentó como apuesta por la excelencia y por la industria local; se negociaron contratos que distribuyeran trabajo entre países miembros y se configuraron cláusulas para que la participación no se convirtiera en dominio exclusivo. Las críticas públicas se concentraron en prioridades sociales: hospitales, escuelas y carreteras versus inversión en investigación fundamental. Los defensores del LHC respondieron con la lógica de retornos tecnológicos indirectos: superconductores, criogenia, tecnologías de detección y, sobre todo, la formación de capital humano en ingeniería avanzada.

La dimensión humana del proyecto mereció una atención particular. La construcción del LHC fue también historia de comunidades: equipos de ingenieros que trabajaron noches enteras para soldar empalmes a 1,9 K en bancos de prueba, técnicos que celebraron el éxito de un test de criogenia con botellas de agua caliente en invierno, operarios que vivieron meses en campamentos de obra. Hubo rituales de obra: camisetas con logotipos de equipos, fotos frente a imanes recién montados, corrillos donde se contaban anécdotas de fallos salvados por intuición. Se contabilizan, también, decepciones: plazos que se alargaron, sobrecostes que exigieron renegociaciones y la tensión de familias y comunidades que vieron el ir y venir de obreros y especialistas. El LHC fue, en suma, una construcción técnica e íntima.

Los primeros ensayos de integración —ensamblaje de dipolos, pruebas de líneas criogénicas, pruebas de vacío del anillo— fueron triunfos de coordinación. Cada éxito técnico se celebró con la modestia de quienes saben cuánto trabajo hay detrás. Pero también hubo episodios de crisis: fallos en empalmes, retrasos por suministro industrial y la famosa avería de 2008, cuando una conexión defectuosa entre empalmes superconductores provocó un quench masivo y daños que retrasaron los programas. Esos episodios enseñaron la fragilidad de sistemas complejos: un componente pequeño y mal probado puede desencadenar consecuencias de gran escala. Las reparaciones y los rediseños posteriores profundizaron la cultura de seguridad y de pruebas; se reforzaron procedimientos de control de calidad, redundancia en empalmes y protocolos de ensayo más estrictos.

Políticamente, las negociaciones no terminaron con la aprobación: el Consejo siguió ajustando cuotas, plazos y garantías. Surgieron acuerdos de colaboración con países observadores y socios industriales fuera de Europa; la participación de Estados Unidos, Japón y otros fue a menudo en forma de proyectos puntuales o aporte en especie. El LHC se consolidó así como un proyecto internacional, aunque con una identidad europea fuerte. La gestión de esos lazos fue parte del mérito del CERN: convertir una infraestructura regional en punto de encuentro científico global sin perder su espíritu fundacional.

La trayectoria técnica del LHC se desarrolló en hitos: instalación de las cavidades y de los sensores, pruebas de imanes en banco, empalmes y, finalmente, los ensayos de criogenia a gran escala. Cada hito era una puesta a prueba de ingeniería y de relaciones humanas: meses de trabajo, noches de supervisión y decisiones delicadas en comités mixtos. El momento de encendido del primer haz fue mezcla de tensión y ritual: una cuenta atrás en la sala de control, manos en teclados, voces firmes por auriculares. Cuando el haz completó su primer giro la emoción fue contenida, como corresponde a científicos que saben que el camino continúa y que los éxitos, en esta escala, son etapas.

El LHC no fue solo una máquina; fue la materialización de una apuesta colectiva por volver a preguntar por los orígenes del universo con instrumentos que exigían cooperación multiestatal, innovación industrial y una cultura de integridad técnica. Su circunferencia de 27 kilómetros se convirtió, en el imaginario del laboratorio, en metáfora de la ambición humana: rodear la Tierra con una pregunta y, bajo ella, construir una respuesta posible. El anillo, hoy, es al mismo tiempo logro y advertencia: síntesis de ingenio y recordatorio de la necesidad de humildad ante la complejidad.

Capítulo 15: El peso de la luz

EL PROYECTO DEL SUPERCONDUCTING Super Collider nació en los ochenta bajo una lógica magnética: la convicción de que Estados Unidos debía tener, en su suelo, la instalación que coronara la física de altas energías del siglo XX. Los mapas iniciales mostraban un anillo inmenso —mucho más largo que cualquier precedente— y con él surgieron promesas grandilocuentes: mantener el liderazgo científico americano, generar empleo de alta tecnología en regiones deprimidas y abrir una era de descubrimientos que convertiría en obsoletas preguntas que todavía hoy ocupaban pizarras en conferencias. La retórica era ambiciosa y, en los pasillos de los laboratorios de Oak Ridge y Los Álamos, las expectativas se mezclaban con proyectos industriales y discursos políticos sobre prestige y seguridad científica.

La construcción del SSC fue, desde su génesis, una mezcla de impulso visionario y de prosa financiera complicada. La magnitud del anillo implicaba costes colosales, una logística sin precedentes y un calendario que, por definición, se extendía en décadas. Al principio, el entusiasmo de la comunidad científica y el respaldo de segmentos del Congreso norteamericano alimentaron la obra: obras civiles, empresas de ingeniería y pequeñas firmas se incorporaron a contratos que prometían años de trabajo y transferencia tecnológica. Sin embargo, la realidad de los proyectos colosales no tarda en mostrar su perfil más duro: sobrecostes, plazos que se dilatan, divergencias entre estimaciones preliminares y facturación, y la política cotidiana que no siempre acompaña una visión intergeneracional.

Para 1993, tras años de construcción, el SSC acumulaba problemas técnicos y administrativos que se traducían en sobrecostes crecientes. Costes que escapaban a previsiones iniciales, debates sobre la prioridad de la inversión pública en un contexto en el que el déficit y la competitividad económica eran asuntos centrales en la agenda política, quejas locales por expropiaciones y litigios, y un ambiente político menos dispuesto a sostener un proyecto de esas dimensiones. La mesa donde se discutía el destino del SSC no era ya solo técnica sino eminentemente política: congresistas evaluaban la relación entre la inversión y beneficios concretos para sus electores; críticos económicos subrayaban alternativas de gasto más inmediatas; opositores locales denunciaban las afecciones territoriales y el trato a familias desplazadas.

La decisión final, anunciada en octubre de 1993, fue un golpe doloroso. El Congreso canceló el financiamiento y, con ello, el proyecto se desmoronó. Fue una decisión de racionalidad política y cálculo electoral, pero no por ello menos traumática. Para la comunidad científica estadounidense fue, además, una pérdida de confianza colectiva: muchos investigadores, ingenieros y técnicos quedaron sin proyecto; contratos con empresas locales se interrumpieron; la ilusión de ver una máquina gigantesca gestándose en territorio propio se desvaneció. La cancelación dejó un saldo de desmoralización y un excedente de talento sin destino inmediato.

Fue en ese momento de ruptura cuando el precio geopolítico se tradujo en oportunidad para otros. El CERN, ya comprometido con planes ambiciosos como el LHC, se vio repentinamente en una posición inesperada: el epicentro natural para investigadores y especialistas que buscaban continuidad en su trabajo. Más de quinientos científicos, ingenieros y sus familias —como atestiguaron cartas de universidades y memorias institucionales posteriores— optaron por mirar hacia Europa y hacia Ginebra como destino donde proseguir carreras interrumpidas. No todos llegaron inmediatamente; algunos aceptaron contratos temporales, otros se integraron a grupos académicos y hubo quienes se trasladaron con la esperanza de que el entusiasmo comunitario les ofreciera oportunidad de reinserción profesional.

La llegada de aquel éxodo técnico tuvo efectos prácticos y simbólicos. Técnicamente, el SSC había desarrollado competencias precisas —en superconductividad aplicada, diseño de paleobloques magnéticos, control de cryogenia y grandes sistemas de control— que podían ser transferidas con relativa facilidad. Ingenieros experimentados en empalmes superconductores, técnicos con experiencia en producción de cables de alta corriente y especialistas en sistemas de vacío encontraron en el LHC y en otros proyectos del CERN un terreno donde sus habilidades eran no solo valoradas sino decisivas. Esa transferencia fue, en los hechos, aceleradora de capacidad: las fábricas y talleres europeos incorporaron técnicas y procesos que, gracias a ese know-how importado, pudieron mejorar tolerancias, adoptar métodos de fabricación más eficientes y articular cadenas de suministro de mayor sofisticación.

Humildes escenas diarias narran esa migración: cajas con libros apiladas en apartamentos genevinos, parejas que rearmaron vidas en vecindarios extranjeros, niños que aprendieron otro idioma en la escuela, ingenieros que intercambiaron sellos y certificados técnicos por equivalencias laborales. Hubo logros tangibles: equipos de trabajo que, con manos entrenadas en Texas o en otros centros norteamericanos, abordaron empalmes críticos para imanes del LHC; especialistas en RF que diseñaron cavidades con mejoras heredadas de prototipos del SSC. El flujo no fue solo de manos técnicas, sino de culturas de trabajo: protocolos de aseguramiento de calidad, metodologías de gestión de proyectos y formas de aproximarse a la documentación y a la trazabilidad que se integraron en prácticas europeas.

Desde la perspectiva institucional, el efecto fue de consolidación. El CERN, que había competido y coexistido con grandes centros internacionales, se transformó en la gran instalación de referencia para la física de alturas. La centralidad no se limitó a la infraestructura; lo simbólico fue poderoso: Europa, gracias a su institución multinacional, ofrecía ahora una plataforma para la física que el SSC ya no podía brindar. El laboratorio reaccionó con pragmatismo: abrió programas de contratación específicos, flexibilizó estancias y acreditaciones y negoció acuerdos con universidades para integrar talento recién llegado. No fueron medidas burocráticas sin alma: hubo esfuerzos para ayudar con visados, programas de integración familiar y cursos en idioma y empleabilidad. La acogida práctica preservó capacidades clave y, a la vez, reforzó la reputación del CERN como lugar de refugio profesional para la física de frontera.

La reconfiguración transatlántica del liderazgo científico no quedó sin tensiones políticas. La cancelación del SSC devastó un sueño nacional en EEUU; sin embargo, con el tiempo, las relaciones bilaterales cambiaron de competencia tensa a cooperación pragmática. Estados Unidos mantuvo, de diversas formas, su participación en la física de altas energías: empresas y centros universitarios participaron en colaboraciones con el CERN, hubo estatus de observador y, en ocasiones, aportes puntuales a detectores y software. La lección fue doble: el liderazgo absoluto en infraestructuras gigantes es costoso y políticamente frágil; la cooperación internacional, en cambio, ofrece resiliencia a proyectos que requieren décadas de inversión. Para la geopolítica científica, la caída del SSC constituyó una inversión en la idea de que la Gran Ciencia del futuro sería, necesariamente, multinacional.

Por un lado quedó claro que los proyectos de megaciencia necesitan modelos de gobernanza y financiación que protejan contra los vaivenes políticos domésticos: plazos, cuotas y seguros financieros que permitan continuidad aun cuando las coyunturas partidarias cambien. Por otro lado, se evidenció la importancia de construir consensos públicos y explicar retornos aplicados: el SSC cayó en parte por la incapacidad política de traducir su valor en una narrativa aceptable para electores y ministros. El CERN, que experimentó en su propio cuerpo la lección, desarrolló con los años prácticas de comunicación más sofisticadas y diversificó estrategias de financiación, combinando cuotas regulares con aportes en especie y colaboraciones internacionales que mitigaran riesgos.

Entre las historias personales que dejó la cancelación hay también sombras que conviene recordar. No todos los que migraron encontraron integración rápida. Algunos técnicos vieron frustradas expectativas de empleo estable; para otros, el coste personal fue alto: rupturas familiares, pérdidas economicas y la sensación de haber perdido una patria profesional. Ante los relatos heroicos de integración, existían relatos discretos de precariedad: contratos temporales, viajes largos para visitar a la familia y el desgaste emocional de rehacer redes sociales en países nuevos. La migración científica no fue solo éxito técnico; fue también sacrificio humano.

A la larga, sin embargo, la caída del SSC consolidó al CERN. La institución absorbió capacidades, atrajo talento y asumió, de hecho, la posición de epicentro global en física de partículas. Su liderazgo en la construcción y operación del LHC se vio alimentado por la convergencia de habilidades técnicas y por la presencia de investigadores que, trayendo experiencias diversas, enriquecieron prácticas y culturas de resolución de problemas. La narrativa de ese periodo —de pérdida americana y de reapertura europea— no es monocorde: hay en ella una mezcla de oportunidad y de duelo, de reorganización geopolítica y de lecciones materializadas en prácticas administrativas.

En retrospectiva, la caída del SSC funciona como un recordatorio contundente: la gran empresa científica no es solamente una secuencia técnica de diseños y facturas; es un tejido donde lo político, lo económico y lo humano interactúan. La cancelación demostró la fragilidad de los proyectos de escala nacional frente a la volatilidad política y ofreció la evidencia de que el futuro de la física de altura sería, inevitablemente, cooperativo y multinacional.

Para Europa y para el CERN, la oportunidad fue —también— una prueba: demostrar que la cooperación internacional podía sostener una empresa científica que justificara inversiones, que absorbiera talentos desplazados y que, con ello, impulsara una nueva era de descubrimientos. La historia terminó por confirmar que, en la construcción del conocimiento, el fracaso de uno puede ser la consolidación colectiva de otro, y que la capacidad de recibir, integrar y transformar talentos desplazados es una medida tan importante de una institución como lo es su capacidad de producir papers y descubrimientos.

Capítulo 16: Ecuaciones y sombras: Hiroshima y Nagasaki

EL COSTE DEL LHC DEJÓ de ser un número frío en una hoja de cálculo cuando empezó a aparecer como una sombra en los despachos ministeriales: desviaciones técnicas, ofertas industriales que variaban, plazos que se estiraban como un muelle rebosante. En la primavera de los noventa, mientras los planos técnicos acumulaban optimizaciones, la discusión sobre cómo pagar la máquina se fue volviendo tan estratégica como la de qué material poner en los imanes. La construcción dejó de ser problema de ingenieros para convertirse en un rompecabezas político-financiero: calibrar cuotas nacionales, asegurar contratos industriales que distribuyeran trabajo entre los Estados miembros, y proyectar un calendario que no quebrara la voluntad de gobiernos sometidos a ciclos electorales y urgencias sociales.

La expresión que circuló en las oficinas técnicas —"Missing Magnet Machine"— no nació de la prensa sino de una mezcla de ironía y cálculo. Frente a la presión de costes, se propuso una estrategia pragmática: construir el túnel y los sistemas auxiliares, instalar tantos imanes como permitieran los desembolsos iniciales, y dejar tramos del anillo "vacíos" hasta poder completarlos con aportes posteriores. La idea era tecnológicamente manejable —los huecos pueden cerrarse más adelante— pero políticamente cargada: significaba aceptar que la máquina no estaría operativa a plena capacidad desde el arranque. Para muchos físicos era un mal menor; para otros, una forma de retraso estratégico que podía perjudicar la capacidad competitiva del laboratorio. Sobre la mesa, sin embargo, estaba la contabilidad: desembolsos escalonados suavizaban el choque inicial con presupuestos nacionales y reducía la necesidad de pedir préstamos masivos al inicio.

Cuando las medidas de contención no bastaron, el Consejo tomó una decisión que antaño habría parecido improbable: autorizar préstamos bancarios para financiar parte del proyecto. Fue en 1996 cuando se aprobó recurrir a créditos de largo plazo. La medida abrió un abanico de opciones —acelerar la construcción, garantizar suministros industriales y no depender de aplazamientos eternos— pero trajo consigo una espada de Damocles: la obligación de reembolsar en plazos fijados, independientemente de retrasos técnicos o vaivenes políticos. El calendario financiero se fijó con una claridad que protegía a los bancos pero colocaba la presión sobre la institución y sus Estados miembros: amortizaciones que, en la práctica, exigían disciplina presupuestaria durante una década.

Los contratos bancarios fueron complejos: garantías, covenants, condiciones sobre desviaciones presupuestarias y cláusulas de extensión que debían negociarse con cuidado. Los banqueros miraban más a los indicadores macroeconómicos de los países miembros que a la belleza técnica de los diseños; evaluaban riesgo soberano, solidez de contribuciones y la capacidad institucional del CERN para gestionar sobrecostes. Para los negociadores del laboratorio la tarea fue doble: convencer a mercados y gobiernos de la solidez del plan y, al mismo tiempo, introducir en los contratos mecanismos de flexibilidad que permitieran absorber errores técnicos sin desatar impagos inmediatos.

Esa exposición financiera transformó la gestión en una disciplina de riesgo continuo. Cada retraso, cada fallo de un proveedor, cada problema técnico que obligara a reprogramar pruebas se convirtió en un factor que podía afectar la capacidad de repago. Los administradores financieros empezaron a figurar en reuniones que antes eran exclusivamente de física: análisis de sensibilidad, simulaciones de flujo de caja, escenarios de ventas industriales colaterales y acuerdos de compensación. El laboratorio desarrolló entonces una estructura financiera más sofisticada: comités de control, auditorías internas y una mayor profesionalización de la gestión presupuestaria. No era sólo cuestión de números; era la supervivencia institucional la que estaba en juego.

El riesgo contractual no fue solamente contable. Colocar el LHC en una trinchera de préstamos implicaba una tensión política en las capitales de los Estados miembros. En tiempos de estrecheces fiscales, la prensa y la oposición parlamentaria podían convertir cada demora en argumento contra la inversión. El laboratorio debía, por lo tanto, construir no sólo una contabilidad inmaculada sino una narrativa pública sólida que justificara la inversión no sólo en términos científicos sino de retorno tecnológico y social: empleos, contratos industriales, transferencia de know-how y posicionamiento estratégico para la industria europea. Esa narrativa fue parte esencial de la campaña de persuasión que mantuvo viva la financiación.

En el plano público, sin embargo, la complejidad financiera y técnica fue terreno fértil para la imaginación sensacionalista. Surgieron apellidos, rumores y apodos: la máquina se volvió en algunos titulares "la Máquina del Juicio Final", una etiqueta que con ironía macabra capturaba miedos populares sobre lo que una instalación capaz de "crear mini-agujeros negros" podía desatar. Los equipos de comunicación del CERN respondieron con campañas de divulgación y datos técnicos; aún así, el rumor encontró pistas donde apoyarse: informes sobre cantidades energéticas, explicaciones imperfectas de la física de partículas y la inevitable instrumentación de miedos por parte de grupos contrarios o sensacionalistas.

En ese caldo cultural emergió la anécdota que los titulares convertirían en mito: el "Pánico de la Baguette". Un incidente menor —un pájaro que dejó caer un trozo de pan sobre una conexión eléctrica al aire libre— provocó un cortocircuito en una línea auxiliar que alimentaba un sistema no crítico del anillo. Para los técnicos fue un episodio kafkiano: una falla banal por diseño imperfecto que pudo y debió prevenirse. Para la prensa más ávida fue la chispa perfecta: "un baguette detuvo el LHC", titulaban algunos. La historia circuló en blogs y programas sensacionalistas; se convirtió en sinécdoque de la fragilidad de una inversión ingente frente a lo contingente y la trivialidad. El laboratorio respondió con humor y profesionalidad: reforzó cerramientos, protegió cajas eléctricas exteriores y aprovechó la ocasión para explicar la redundancia de sistemas y los protocolos de seguridad. Pero la metáfora quedó: si un trozo de pan podía detener procesos, la sensación pública de vulnerabilidad aumentaba y se añadía al riesgo político que los financieros ya calculaban.

Para los gestores del proyecto, la combinación de préstamos bancarios y noticias sensacionalistas creó momentos de tensión extrema. Hubo meses en los que la dirección trabajó en turnos prolongados para preparar paquetes de información, informes de riesgo y escenarios de respuesta para comités de finanzas nacionales. Se llevaron a cabo auditorías externas, se contrataron consultores y se multiplicaron las reuniones con ministros y embajadores. La institucionalización de la comunicación de crisis —un área antes residual— se volvió parte central de la administración. De la noche a la mañana, el CERN necesitó especialistas en gobierno corporativo, abogados internacionales y expertos en relaciones públicas para mantener la sostenibilidad financiera y la legitimidad pública.

La presión dejó huellas dentro del laboratorio. Se multiplicaron jornadas de trabajo intensas, y con ellas aumentó el agotamiento emocional de ingenieros y científicos: calendarios que comprimían pruebas, esperas por entregas que se retrasaban y la sensación constante de que cualquier fallo técnico podía traducirse en titulares adversos y en preguntas incómodas de ministros. El coste humano fue real: tensiones familiares por viajes y turnos prolongados, contratos temporales que se volvieron inestables y una cansancio colectivo que exigió medidas institucionales de soporte. Las juntas administrativas empezaron a discutir no sólo equilibrio presupuestario sino políticas de retención de talento: bonificaciones, formación continua y mejoras en condiciones laborales para garantizar que el capital humano no se erosionase por la presión financiera.

La exposición económica obligó también a repensar la gobernanza. El modelo de cuotas proporcionó la base, pero se integraron mecanismos que permitieran flexibilidad: aportes en especie, acuerdos industriales que compensaran estados por participación en lotes de suministro y la apertura de fórmulas para contribuciones extrastatales que aportaran tecnología y financiación. Esta diversificación redujo la vulnerabilidad a cambios políticos nacionales, pero introdujo una complejidad adicional: negociar contratos técnicos con empresas externas sin ceder control sobre el diseño científico, proteger la propiedad intelectual y asegurar que la participación industrial no desviara prioridades científicas. Cada contrato pasó a ser objeto de escrutinio no solo económico sino técnico y ético.

Con el paso de los años, la gestión demostró su músculo. El LHC se construyó, con sobrecostes y retrasos que fueron corrigiéndose mediante esfuerzo técnico y acuerdos financieros. Las medidas de control, las auditorías y la democratización de información pública sobre hitos y gastos ayudaron a neutralizar, en parte, la volatilidad política. El préstamo que había parecido en 1996 una espada de Damocles se administró con disciplina, y para 2008—cuando parte de las amortizaciones ya debía estar en curso—la institución mostró que había sido capaz de sostener la carga. El éxito no borró cicatrices: lecciones de diseño, mejores protocolos de QA, y una professionalización de la gestión de proyectos que pasó de ser un apéndice a convertirse en parte del núcleo institucional.

No obstante, la historia económica del LHC dejó un aprendizaje claro para la Gran Ciencia: la invención técnica necesita arneses financieros tan sofisticados como la ingeniería física. Pedir un préstamo es fácil; lo difícil es diseñar estructuras organizativas que resistan la intersección de la técnica, la política y la opinión pública. El caso demostró que la transparencia contable, la diversificación de fuentes de financiación y la capacidad de explicar retornos científicos y tecnológicos son condiciones de posibilidad para que proyectos de siglo puedan sobrevivir a ciclos políticos de corto plazo.

Cuando, en los túneles y salas de control, se celebraban las victorias técnicas —un empalme que resistía, un imán que alcanzaba su campo nominal—, en oficinas contiguas se evaluaban hojas de amortización y se preparaban informes para bancos y comités financieros. Dos economías corrían en paralelo: la de la física, que generaba curvas de eficiencia y planos, y la financiera, que generaba flujos, garantías y evaluaciones de riesgo. La tenue victoria del LHC fue que ambas economías, a pesar de fricciones y pánicos ocasionales, lograron sincronizarse lo suficiente para llevar el proyecto a su meta técnica.

Al final, la lección fue humana y organizativa: la Gran Ciencia no solo descubre; también debe aprender a pagar por su curiosidad sin hipotecar su integridad. La "Máquina del Juicio Final" dejó de ser apodo para convertirse en metáfora instruida: los juicios políticos y financieros que acompañan a la ciencia pueden ser tan decisivos para el destino de un proyecto como las fórmulas que sostienen su física. Y la experiencia enseñó que, en el cruce entre innovación y finanzas, la prudencia económica y la transparencia son tanto parte del método experimental como la calibración de un detector.

Capítulo 17: La ciencia como secreto de Estado

ÁNGELES Y DEMONIOS aterrizó en las librerías como quien suelta una piedra en un estanque: ondas de ficción, rumores y preguntas reales comenzaron a bordear la superficie. La novela de Dan Brown, publicada en 2000, aprovechó la mezcla perfecta entre misterio urbano, literatura de conspiración y tecnicismo pseudocientífico para construir una trama que convertía al CERN en escenario de un thriller apocalíptico: antimateria robada, un contenedor que podría explotar y la posibilidad de un atentado con un artefacto cuyo fuego sería absoluto. La pieza narrativa —con sus saltos, escenas cinematográficas y metáforas crudas— despertó una reacción que fue, desde el inicio, doble: fascinación masiva y alarma profesional.

Para quienes trabajaban en Meyrin la novela era, en primer lugar, una fuente de incredulidad y, en segundo, una oportunidad forzada. El desconcierto venía por la forma en que la ficción mezclaba verdades técnicas con libertades imaginarias hasta componer un relato verosímil para el lector no especializado. Brown incorporaba palabras técnicas —antiprotones, colisiones, cavidades— con tal profusión que la línea entre rigor y fantasía se emborronaba. El resultado fue efectivo: la novela convenció a millones de que la antimateria era algo que podía producirse, almacenarse y utilizarse a escala terrorífica con relativa facilidad.

La primera tarea del laboratorio fue, por tanto, pedagógica y urgente: desmontar la fábula usando hechos, no sermones. El desmontaje técnico se apoyó en varios pilares simples y contundentes. Primero: la producción. En el CERN y en cualquier otro acelerador del mundo la antimateria que se genera es literalmente microscópica, cuantificable en cuentas de partículas, no en mililitros ni en gramos. Las instalaciones producen antiprotones y positrones en cantidades imprescindibles para experimentos de física de precisión, pero esas cantidades son infinitesimales frente a lo que la ficción exige. Producir una masa macroscópica de antimateria —aunque la física no lo prohibiera en principio— representa hoy un ejercicio logístico, energético y económico que se escapa por órdenes de magnitud de cualquier capacidad realista.

Segundo pilar: el almacenamiento. Las partículas de antimateria no se apilan en cajas metálicas; se confinan mediante campos eléctricos y magnéticos en trampas de vacío extremo y a temperaturas cribadas. Son sistemas delicados que alojan un número muy pequeño de antipartículas durante lapsos que van desde segundos a, como mucho, horas o días en condiciones experimentales excepcionales. La idea de un "contenedor portátil" de antimateria, estable y transportable, que pueda ser sacado de un laboratorio y manipulado por ladrones, pertenece más a la escenografía literaria que a la ingeniería experimental. Cualquier intento práctico de concentrar antimateria en masa conduciría a desafíos de almacenamiento no resueltos: vacíos perfectos a escala, disipación de calor por aniquilación accidental, aislamiento de campos y protocolos de seguridad más complejos que los que autoriza cualquier logística civil.

Tercero: la economía de la producción. La energía necesaria para crear antimateria y las pérdidas inevitables en los procesos de producción tornan la empresa inviable en la escala sugerida por el thriller. No es sólo que consumiría energía; es que los rendimientos son ínfimos y la ingeniería requerida para escalar de partículas contadas a miligramos implica inversiones de capital, tecnologías no disponibles y una infraestructura que no puede ocultarse. En la práctica, fabricar la antimateria que aparece en la novela equivaldría no sólo a una proeza técnica sino a una empresa comparable a construir una central energética dedicada y exclusiva, con costos y logística inconmensurables.

Aun así, la ficción dio energía a narrativas públicas que alimentaron miedos y leyendas. Tras el éxito masivo de El Código Da Vinci —que revitalizó el interés por Ángeles y Demonios— el laboratorio percibió una ola de atención renovada. Fue en 2005 que la dirección, bajo Robert Aymar, decidió convertir la inquietud en una ocasión para enseñar: antes que negar con palabras imprecisas, el CERN debía ofrecer información verificable, accesible y pedagógica. Se diseñó una estrategia comunicativa que mezcló rigor técnico, sencillez ilustrativa y recursos multimedia: hojas informativas para docentes, dossiers para periodistas, vídeos de corta duración y ruedas de prensa técnicas donde físicos explicaban, con pizarra y gráficos, por qué las premisas del libro no se sostenían en términos prácticos.

La respuesta institucional no fue defensiva sino didáctica. Se publicaron cifras comparativas (sin caer en lecturas falsas de precisión): se explicó que las cantidades de antimateria empleadas en medicina —por ejemplo, los positrones utilizados en PET— son ínfimas, producidas y utilizadas de inmediato en circuitos cerrados que no permiten acumulación. Se presentó la realidad de las trampas de Penning: pequeñas cámaras con campos que mantienen fracciones de antiprotones aislados durante experimentos, no "bombas" transportables. Se ofrecieron cálculos de orden de magnitud —evitando pretensiones absolutas— para ilustrar la imposibilidad práctica de fabricar o almacenar una masa explotable a partir de la tecnología existente.

El laboratorio amplió además su repertorio comunicativo: jornadas de puertas abiertas, exposiciones didácticas y materiales traducidos a varios idiomas para llegar a audiencias diversas. Se trabajó con educadores para transformar la curiosidad angustiada en una lección sobre cómo funciona la ciencia: qué es la producción de antimateria, para qué sirve en investigación y medicina, cuáles son sus límites y qué protocolos de seguridad la rigen. La táctica fue pedagógica y preventiva: explicar no para tranquilizar por decreto, sino para sostener una ciudadanía informada.

El efecto fue doble. Por una parte logró mitigar la alarma inmediata: medios responsables republicaron aclaraciones, expertos invitados a tertulias explicaron en lenguaje llano los límites físicos y técnicos, y el público recibió herramientas para discernir entre espectáculo y facticidad. Por otra, la polémica dejó marcas: foros conspirativos y comunidades digitales que se alimentan de misterio continuaron reproduciendo la novela como si fuera prueba. El ruido mediático no desapareció; cambió de forma y, con ello, obligó al CERN a profesionalizar su comunicación permanente.

La experiencia dejó lecciones institucionales. Primero: la importancia de anticipar narrativas culturales que pueden desbordar a la ciencia si ésta no participa tempranamente de la conversación pública. Segundo: la necesidad de traducir la complejidad técnica a lenguaje comprensible sin perder rigor; transparencia no es simplificación, es pedagogía responsable. Tercero: la convicción de que la ciencia, cuando es objeto de ficción viral, debe responder con herramientas que permitan separar lo posible de lo verosímil.

En las semanas y meses posteriores, el laboratorio aprendió a convivir con la paradoja: la novela había aumentado el interés del público por la física y, al mismo tiempo, había generado miedos evitables. La apuesta institucional fue entonces doble: aprovechar la atención para educar y ofrecer confianza, y mantener la vigilancia sobre formas de desinformación que podían perjudicar no solo la reputación sino la seguridad de las operaciones. Ángeles y Demonios cerró un ciclo en la historia del CERN: mostró que la literatura puede transformar un centro de investigación en plató de expectativas y miedos; pero también enseñó que la mejor respuesta a la fantasía alarmista es siempre la claridad metodológica, el acceso público a la información y la voluntad de explicar, con paciencia, por qué algunas ficciones son —solo— eso: ficción.

Capítulo 18: El exilio de los sabios

CUANDO LA ADAPTACIÓN cinematográfica de Ángeles y Demonios comenzó a tomar cuerpo, la decisión del CERN de colaborar con la producción fue más que una concesión de acceso: fue una apuesta estratégica. La dirección entendió rápido que dejar la representación del laboratorio en manos ajenas y sin mediación podía alimentar más pánicos y malentendidos que la novela ya había provocado; colaborar permitiría, en la medida de lo posible, encauzar la verosimilitud técnica hacia una representación que no cruzara las líneas rojas de la seguridad ni de la desinformación. A principios de la preproducción, un pequeño equipo de la productora voló a Meyrin con dos objetivos claros: documentar espacios, conversar con científicos y, sobre todo, mostrar respeto institucional para negociar términos de colaboración.

La primera visita fue un ritual de cortesía y evaluación. Ron Howard entró al campus con una curiosidad profesional, midiendo académicamente lo que podía filmarse y lo que no. Tom Hanks, cuyo interés por una representación verosímil era igualmente evidente, prefirió conversaciones prolongadas con técnicos antes que poses fotográficas. Ambos recorrieron pasillos, salas de control y cavernas visibles —zonas no sensibles donde la operación no corría riesgo— y escucharon. Las explicaciones de físicos y técnicos fueron francas: qué es la antimateria, qué no es, qué señales resultan plausibles y cuáles, por su imposibilidad técnica, debían tratarse como herramientas dramáticas. A Howard le importó la narrativa; a Hanks, el gesto humano detrás del aparato. Para ambos, la conversación con científicos fue menos un trámite que un laboratorio de ideas.

La negociación institucional fue, inevitablemente, de límites. Las zonas más sensibles del ATLAS y CMS, túneles operativos y salas de control en plena actividad no podían abrirse a filmación por razones obvias: seguridad, continuidad de experimentos y protección de datos. Sin embargo, la producción solicitó algo esencial: poder recrear con verosimilitud un detector a gran escala para secuencias clave. Aquí confluyeron dos soluciones: rodar en zonas no críticas reales y construir una reconstrucción digital precisa del detector ATLAS mediante CGI, complementada con decorados físicos a escala reducida para tomas de actores. La solución técnica —y diplomática— fue elegante: preservar la operación real y dar al cine la libertad simbólica que necesita.

Ahí entró el papel de James Gillies, jefe de comunicaciones del CERN. Gillies se convirtió en interlocutor permanente: revisó guiones marcados con "watermarks" institucionales, mantuvo contacto con los guionistas y, sobre todo, fungió de árbitro entre la verosimilitud técnica y la narrativa cinematográfica. Sus notas, a veces incisivas y otras con humor seco, matizaban diálogos que podrían sembrar pánico. Pidió, por ejemplo, que no se mostraran escenas donde la antimateria apareciera como caja transportable y exigió una aclaración textual en la película sobre escalas de producción y almacenamiento. No todo se ganó: la ficción reclama ritmo y glamour; algunos detalles técnicos cayeron ante la necesidad del guion. Pero donde pudo, Gillies introdujo claridad: se reescribieron frases y se ajustaron planos para que no sugirieran posibilidades técnicas inexistentes.

La reconstrucción digital del detector ATLAS fue, por su parte, un desafío técnico de primer orden. La productora encargó a un estudio de efectos visuales la tarea de reproducir dimensiones, materiales, texturas, iluminación y el particular desorden funcional de un detector real: cables, paneles, pasarelas, señales de seguridad y la inmensa curvatura de un solenoide. Especialistas del CERN ofrecieron modelos CAD, fotografías de alta resolución y lecturas precisas de materiales. Los equipos de CGI trabajaron con ingenieros para entender tolerancias y proporciones. La recreación no pretendió ser maqueta: fue una página de escala 1:1 virtual que permitía al director mover cámaras imposibles y crear secuencias que, de otro modo, hubieran requerido meses de montaje real.

Pero la decisión de no filmar el corazón del detector en su estado operativo impulsó una solución creativa: construir sets parciales en espacios controlados y complementar tomas cercanas con planos generados digitalmente. En platós cercanos, se levantaron secciones de consola, réplicas de paneles de control y fragmentos de infraestructura que fueran táctiles para los actores. Tom Hanks pasó horas frente a una mesa idéntica a la de la sala de control, recibiendo instrucciones técnicas para que sus gestos fueran coherentes: apretar botones, leer pantallas, interpretar alarmas. Un ingeniero del CERN, invitado como extra técnico, le explicó la cadencia del habla de una sala de control, el tono de la cuenta atrás y la química de los turnos nocturnos. Hanks aprendió a leer un display con el gesto de quien sabe que lo que hace importa; en escena, ese detalle se nota.

La producción aceptó, además, cláusulas editoriales: secuencias que pudieran conducir a pánicos reales debían pasar por revisión final del CERN. El estudio de Hollywood aceptó con reservas: la película requería tensión y riesgo. La negociación, entonces, fue permanente: el laboratorio no impuso censura absoluta; pidió mitigar efectos de interpretación técnica que pudieran ser tomados por propaganda anticientífica. Un ejemplo concreto fue la escena central de la "recuperación de antimateria": de la primera versión, donde se mostraba un contenedor portando un volumen macroscópico, se pasó a una secuencia más teatral y menos literal, sostenida por efectos de iluminación y sonido que comunicaban peligro sin caer en "manual de producción de armas".

La colaboración produjo, además, efectos pedagógicos colaterales. La producción contrató a varios científicos como asesores técnicos, y esos profesionales se encontraron en un doble rol: corregir guiones y ayudar a crear materiales de soporte que el departamento de comunicación del CERN luego reutilizó para enseñar al público. Se diseñaron infografías que explicaban qué es realmente la antimateria, cómo se produce y por qué la ficción era ficción. Ese material se distribuyó en redes y escuelas, convirtiendo una campaña de mitigación en una oportunidad didáctica.

En el set, hubo escenas de simpatía humana que luego circularon en reportajes: Ron Howard preguntando por las tolerancias de alineamiento de un detector, Tom Hanks recordando anécdotas de laboratorio con físico veterano, y técnicos del CERN que, por una vez, vieron su trabajo convertido en espectáculo. Ninguna de esas escenas borró las tensiones previas: algunos científicos seguían recelosos de que la película potenciara miedos; otros celebraban la enorme visibilidad pública. En conferencias internas, la discusión fue larga: colaborar tiene costo reputacional, pero también la ventaja de que la verdad técnica puede hacerse oír dentro de la narrativa global.

El estreno, con presencia de Howard y Hanks, se convirtió en acto promocional que incluyó una visita oficial al CERN. Se organizó una proyección con científicos, familias de trabajadores y jóvenes estudiantes; la imagen de estrellas de Hollywood en la sala de control fue capturada por cámaras y rebotó en medios. La recepción pública fue mixta: la película disfrutó de éxito comercial, y la colaboración del CERN fue leída por muchos como prueba de madurez institucional. Los críticos alertaron sobre licencias dramáticas; las redes sociales multiplicaron memes y debates. Pero, quizá lo más importante, la colaboración dejó un saldo neto: una audiencia más amplia preguntó por la antimateria, la física, la seguridad y la necesidad de explicar ciencia en términos accesibles.

La experiencia dejó además lecciones institucionales duraderas. Primero, que la cultura mediática exige presencia informativa: el silencio institucional es ocupado por la ficción y la desinformación. Segundo, que colaborar con la industria cultural requiere acuerdos claros, límites y un equipo de mediación con autoridad técnica y diplomática; James Gillies no solo asesoró, sino que dio forma a un protocolo de colaboración que el CERN usaría después. Tercero, que la producción de materiales pedagógicos derivados de la colaboración fue una manera efectiva de transformar una obligación en una oportunidad.

Al terminar la filmación, quedaron algunos souvenirs discretos: réplicas de paneles que hoy son piezas educativas en visitas guiadas, material audiovisual usado en exposiciones y, sobre todo, una red de contactos entre cineastas y científicos. El balance institucional fue pragmático: la cultura popular puede amplificar peligros, pero también ser puente para el interés público; manejarla exige inteligencia, acuerdos claros y la voluntad de convertir riesgo comunicativo en oportunidad pedagógica. La reconstrucción digital del detector, la negociación de guiones y la presencia de actores y directores en Meyrin constituyeron, en conjunto, un experimento más: mostrar que la ciencia puede dialogar con la ficción sin dejar de defender su integridad, siempre que exista una mediación responsable entre la verdad técnica y la maquinaria del espectáculo.

Capítulo 19: La culpa frente al pizarrón

EL RUMOR DEL AGUJERO negro no nació en una sala de máquinas ni en una ecuación; se encendió en la noche de Internet y se alimentó de metáforas apocalípticas. En 2008, con la fecha próxima de los primeros haces del LHC, foros, blogs y cadenas de correo comenzaron a reproducir escenarios en los que la máquina creaba un micro-agujero negro que, lejos de evaporarse, se tragaba la Tierra entera. La mezcla letal fue simple: ignorancia técnica, imágenes potentes y la viralidad de los medios. Para la comunidad del CERN la amenaza no era física —los cálculos teóricos y la experiencia astronómica descartaban efectos catastróficos—, pero la amenaza reputacional y legal sí era real. Fue en ese momento cuando James Gillies entró en escena con la solemnidad de quien sabe que su tarea no consiste en refutar conspiraciones con ironía, sino en construir puentes de confianza.

Gillies había llegado al CERN con experiencia en comunicación institucional; conocía la cultura científica y, sobre todo, entendía que la transparencia no basta si no va acompañada de pedagogía. Su primer diagnóstico fue práctico: el rumor prosperaba en ignorancias concretas —qué es un agujero negro, qué escala energética manejaba el LHC, qué significa "mini" en "mini-agujero"— y en ausencia de materiales accesibles y verificables. Su plan, por tanto, combinó tres líneas: claridad técnica accesible, apertura operativa y respuesta jurídica organizada.

La columna vertebral de la respuesta fue la documentación técnica presentada en lenguaje comprensible. Gillies articuló una campaña de divulgación que empezó con una hoja de ruta simple: reunir a físicos capaces de explicar, sin tecnicismos cerrados, los fundamentos que impedían el escenario apocalíptico. Se produjeron vídeos cortos donde científicos de renombre —teóricos y experimentales— explicaban, con pizarras y analogías, por qué los posibles agujeros hipotéticos serían microscópicos y, según la argumentación predominante, se evaporarían por radiación de Hawking casi instantáneamente; o por qué incluso en el hipotético caso de estabilidad, la naturaleza ya produce en la alta atmósfera colisiones de energías superiores a las del LHC sin que ello haya producido efectos observables. Esos materiales se tradujeron a varios idiomas y se colgaron en páginas accesibles: explicaciones paso a paso, gráficas comparativas y un FAQ que trataba las preguntas concretas que circulaban en redes.

Paralelamente, Gillies gestionó la apertura del laboratorio. Las puertas se abrieron para visitas públicas, jornadas de puertas abiertas y sesiones educativas con colegios. La idea no era sólo mostrar belleza técnica, sino demoler el misterio con veracidad: visitantes entrando a salas de control inactivas, técnicos explicando protocolos de seguridad, y pequeños talleres donde se ilustraba la imposibilidad práctica de fabricar, almacenar o transportar cantidades peligrosas de antimateria o concentrados de energía. La presencia física, el ver qué y quién trabajaba allí, redujo la potencia del rumor en ámbitos locales y permitió a periodistas y ciudadanos constatar que detrás de la máquina había procedimientos, redundancias y ética de trabajo, no calderas ocultas de cataclismo.

No toda la ofensiva fue pedagógica. El rumor mutó enseguida en acción legal. Se presentaron demandas en tribunales —reclamaciones que pedían suspender operaciones alegando riesgos existenciales— y algunas quejas públicas se canalizaron a través de colectivos y activistas. La estrategia de Gillies contempló, por tanto, una defensa jurídica coordinada con argumentos técnicos: el CERN publicó y puso a disposición informes de seguridad revisados por expertos independientes, y facilitó el acceso a documentación que las demandas requerían para evaluación. Se promovieron revisiones externas, comités de expertos que validaran las estimaciones y se elaboraron informes que explicaban no solo los hallazgos sino las metodologías y su revisión por pares. La fricción judicial fue, en varios casos, contentada con la evidencia técnica y la carencia de bases fácticas sólidas, y muchas demandas fueron desestimadas o no prosperaron. El recurso a auditores y expertos independientes fortaleció la legitimidad de los documentos del CERN y aportó una trinchera legal y pública contra la desinformación.

La presión social añadió aristas peligrosas: correos amenazantes, llamadas anónimas y, en un puñado de casos, advertencias de posibles acciones contra instalaciones o personal. Gillies, en coordinación con seguridad institucional, hizo algo que raramente aparece en manuales de comunicación: trató la crisis como un problema de seguridad humana. Implementó protocolos de protección para personal, canales seguros de denuncia, asesoría psicológica y, cuando fue necesario, coordinó con autoridades locales para garantizar protección policial discreta. La respuesta fue, con ello, integral: no solo convencer a la opinión pública sino también asegurar la integridad física y emocional de quienes trabajaban en el centro.

Otra pieza clave fue la relación proactiva con los medios. Gillies organizó briefings periódicos, formación para científicos que debían hablar en público y kits de prensa con materiales verificables. La formación fue crucial: muchos científicos son excepcionales en pizarras y ecuaciones, pero no en titulares. Equiparlos para explicar sin frases alarmistas, para no ceder ante preguntas sensacionalistas y para proporcionar comparaciones útiles —por ejemplo, la comparación entre colisiones del LHC y las naturales producidas por rayos cósmicos— resultó decisivo para transformar entrevistas potencialmente incendiarias en piezas informativas. El laboratorio aprendió a dialogar con periodistas de forma preventiva y a proporcionar portavoces capaces de traducir jerga técnica en certezas verificables.

Gillies también explotó las nuevas herramientas digitales. Se multiplicaron las páginas de preguntas y respuestas, se hicieron foros abiertos moderados por científicos y se organizaron transmisiones en directo de algunas operaciones no sensibles. Estas iniciativas tenían dos virtudes: proporcionaban fuentes primarias que podían contrarrestar rumores y, además, creaban una huella digital verificable que los periodistas podían enlazar en sus notas. En el ambiente hiper-fragmentado de la red, la presencia de recursos oficiales y accesibles redujo el espacio de maniobra de la desinformación.

El resultado, medido en semanas y meses, fue una contención eficaz aunque no total. El pánico masivo no ocurrió; las campañas de desinformación persistieron en nichos, pero la narrativa dominante en prensa seria y en buena parte del público fue la de la seguridad avalada por evidencia. Varias demandas judiciales fueron archivadas o desestimadas; el trabajo de los equipos legales y los informes científicos resultaron convincentes para tribunales que, aunque no expertos en física, valoraron la transparencia y la revisión externa. La coordinación entre comunicación, expertos y seguridad había producido un marco de gestión de crisis que mitigó riesgos reales: reputacionales, legales y personales.

Una lección que Gillies repitió hasta el cansancio en cursos y conferencias posteriores: la ciencia no está aislada del imaginario colectivo. La verificación no basta si no se comunica con honestidad y claridad; la transparencia debe ser pedagógica y anticipatoria. Y aún más: las instituciones científicas modernas necesitan capacidades de comunicación y gestión de crisis tan profesionales como sus laboratorios técnicos. En su balance personal, Gillies contó noches interminables respondiendo correos, llamadas a las tres de la mañana y la tensión de saber que, tras cada titular sensacionalista, podía haber personas asustadas o colegas amenazados. Su frase habitual en reuniones no era grandilocuente: "No nos bastan razones; debemos hacerlas comprensibles".

El manejo del mito del agujero negro demostró que la resiliencia de una institución científica depende tanto de la solidez de sus argumentos como de la calidad de su conversación pública. La lección perdura: frente a la desinformación, la mejor defensa no es la réplica moral, sino la pedagogía paciente, la apertura verificada y la protección humana. James Gillies lo hizo con una mezcla de técnica, diplomacia y cuidado humano; su legado fue institucional: el CERN salió del episodio con protocolos nuevos, una unidad de comunicación más profesional y una convicción compartida de que, en la era digital, la ciencia debe aprender a hablar no solo con pares sino con públicos inquietos.

Capítulo 20: Hacia el átomo pacífico y la Guerra Fría

LA ANÉCDOTA COMENZÓ con una mañana cualquiera. El LHC, con sus enormes circunferencias y sus delicadas cadenas de criogenia, no suele responder a la trivialidad del mundo: sus sistemas obedecen a protocolos, redundancias y a una ingeniería pensada para lo extremo. Sin embargo, en 2009 fue un gesto minúsculo —el gesto de un ave que dejó caer un trozo de pan— lo que desencadenó una secuencia de efectos que nadie había previsto y que, por un rato, alimentó tanto la técnica como la imaginación colectiva.

Sucede que en los recintos exteriores del laboratorio, como en cualquier gran instalación industrial, hay cajas eléctricas y puntos de distribución que, por diseño o por herencia constructiva, están expuestos a elementos y fauna. En uno de esos módulos, una caja auxiliar que alimentaba líneas de distribución de baja prioridad tenía contactos expuestos por una combinación de diseño antiguo y algún deterioro en la tapa hermética. Un ave, atraída por restos de comida en un césped cercano, dejó caer un trozo de baguette justo sobre la tapa; el pan, humedecido por la orina o el rocío, se introdujo por una ranura y, en un punto de contacto entre conductores, produjo un puente conductivo. La humedad y la composición salina de la masa convirtieron un fragmento alimenticio en un conductor momentáneo: un cortocircuito.

El cortocircuito activó las protecciones automáticas. Disyuntores y relés de protección, diseñados precisamente para este tipo de eventualidades, interrumpieron la corriente en la línea afectada. El resultado fue la desconexión instantánea de un segmento de distribución que, pese a no ser crítico para el anillo principal, alimentaba sistemas de apoyo —sensores auxiliares, cajas de distribución de baja prioridad y algunos sistemas de monitorización en superficie—. Técnicamente, lo que siguió fue un protocolo de seguridad que funcionó como debía: aislamiento del fallo, disparo de alarmas, reporte automático a sala de control y desencadenamiento de un procedimiento de parada controlada en los subsistemas que dependían de esa alimentación.

Para los ingenieros fue un episodio kafkiano y, a la vez, instructivo: un trozo de pan había activado una lógica de seguridad pensada para cosas mucho más serias. Los operativos de mantenimiento acudieron, localizaron el punto afectado, constataron la contaminación por materia orgánica y humedad, limpiaron los contactos, reemplazaron fusibles dañados y comprobaron la integridad de empalmes y aislamientos. Se aplicaron pruebas de izado de tensión, revisiones termográficas y ensayos de puesta a tierra. La reparación fue rápida —horas, no días—, pero exigió recalibraciones menores en sensores y la reposición de algunos datos faltantes, además de tiempo de parada para volver a poner en marcha ciertos sistemas de monitorización. En términos operativos, el impacto fue local y manejable; en términos simbólicos, la escena fue irresistible.

La noticia, con su mezcla de trivialidad y dramatismo, encontró en la red la atmósfera perfecta para convertirse en mito. Foros y blogs recogieron la historia con títulos juguetones: "La baguette que detuvo al LHC" o "¿Sabotaje aviar o intervención providencial?". Las redes sociales multiplicaron fotografías con pan sobre cajas eléctricas —algunas reales, otras claramente montadas— y memes que mezclaban la tecnología cuántica con la picaresca cotidiana. Periodistas sensacionalistas alimentaron narrativas: el pájaro como "héroe accidental" que "salvó al mundo" de un experimento apocalíptico; canales conspirativos bordearon la metáfora hasta insinuar sabotajes intencionales "interdimensionales". La anécdota se desbordó en chistes, caricaturas y titulares que preferían el drama a la explicación técnica.

La respuesta del CERN fue doble: humor y rigor, en equilibrio. Desde las cuentas oficiales se emitieron comunicados claros y canalizados, que explicaban lo ocurrido con precisión técnica y en lenguaje accesible —qué componente había fallado, cómo había actuado la protección y qué medidas se tomaban para evitar recurrencias—. Junto a esos documentos, la institución no perdió el sentido del humor: circuló un comunicado informal que, con tono amigable, mostraba una foto de la baguette retirada y un pie de foto irónico; hubo carteles internos que llamaban a no dejar restos de comida cerca de las instalaciones y un guiño lúdico a la comunidad local. La combinación de transparencia y una pizca de gracia funcionó: educó a públicos variados sin subestimar la seriedad técnica del suceso.

Desde el punto de vista técnico, las medidas adoptadas fueron contundentes. Se reforzaron sellados en cajas exteriores, se programaron inspecciones más frecuentes en puntos vulnerables y se añadió protección mecánica —rejillas, bordes sellados y detectores de humedad— para evitar que la mera presencia de fauna o de desechos orgánicos pudiera generar puentes conductivos. Además, se revisaron criterios de hermeticidad en módulos en exteriores, se mejoraron procedimientos de limpieza preventiva y se actualizaron protocolos para garantizar que los sistemas auxiliares críticos contaran con redundancia suficiente. Es decir: la solución no fue solo reacción, sino prevención.

Se organizaron charlas internas sobre vulnerabilidades banales y se reforzó la idea central en ingeniería de sistemas complejos: las fallas más disruptivas a menudo provienen de lo cotidiano. La anécdota de la baguette se incorporó a sesiones de formación como ejemplo de "riesgo trivial con impacto real": una manera de recordar que en instalaciones críticas hay que diseñar pensando también en lo mundano —intemperie, fauna, basura y desgaste— y no solo en fallos de gran magnitud.

La historia encontró resonancias en incidentes previos y posteriores: la comadreja que masticó cables en 2016, aves que anidan en conductos, roedores que provocan fallos menores; una constelación de eventos que muestran la fragilidad práctica de infraestructuras sofisticadas frente a la naturaleza cotidiana. Estos casos constituyen un patrón: la tecnología más avanzada coexiste con lo banal y, sin las salvaguardas adecuadas, lo banal puede devenir cuellos de botella. El aprendizaje fue, por lo tanto, institucional: invertir en robustez técnica y en prevención de contingencias rutinarias es tan importante como innovar en física.

La imagen que quedó fue doble. Por un lado, la de técnicos entrando con guantes y destornilladores para limpiar una caja y sustituir fusibles; por otro, la del pájaro que, indiferente, voló sobre el túnel donde discurren preguntas sobre los orígenes del universo. En los talleres se contaría la anécdota con sonrisa y advertencia: "Nunca subestimes un pedazo de pan". En las memorias institucionales, el episodio pasó a ilustrar una lección esencial: la Gran Ciencia exige no solo sofisticación teórica y técnica, sino el cuidado de lo cotidiano. Allí, en la frontera donde los imanes y la criogenia se encuentran con la lluvia y las aves, se juega también la seguridad de proyectos que cuestan tanto esfuerzo y tanta confianza colectiva.

Capítulo 21: Un pacto en la Europa herida

EL CALENDARIO MARCÓ con tinta cálida una fecha que, para muchos en Meyrin, tenía el tono de una fiesta litúrgica: el 10 de septiembre de 2008. No era sólo el día en que se esperaba que un haz recorriera por primera vez el anillo de 27 kilómetros; era el día en que una máquina, concebida durante décadas, debía dar una primera palabra audible a todo el mundo. La dirección decidió abrir el campus; no era una banal decisión de relaciones públicas sino una estrategia para domesticar la atención: permitir que mil periodistas se instalaran dentro, facilitar acceso supervisado y transformar la cobertura en espectáculo documentado en directo, antes que en rumor descontrolado fuera de las vallas.

Llegaron satélites, unidades móviles y carpas. La explanada de acceso se convirtió en un zócalo de logística: antenas parabólicas, camiones de ensayos, trípodes con focos, cables que semejaban ríos negros sobre el asfalto. Equipos de sonido montaron consolas y conexiones; técnicos informáticos desplegaron enlaces de fibra dedicados para streaming; productores coordinaban planos y cronogramas con empaque militar. Para el CERN no fue sólo el clásico control de acceso; fue una escenografía monumental: instalar pantallas en salas habilitadas, preparar salas de prensa con conexión a internet redundante y diseñar recorridos seguros para cámaras y reporteros. Era imprescindible: evitar que la fascinación mediática por la primera rotación degenerara en interferencias técnicas o en caos.

Los cuerpos del laboratorio se alinearon con la tensión del evento. Algunos pasillos se llenaron de sacos de dormir en las noches previas: físicos, técnicos y estudiantes que querían asegurar un lugar en el auditorio o en la sala de control, y que además sentían que asistirían a un rito fundacional. Hubo turnos especiales en cafeterías y cocinas, horas extendidas para que ingenieros, electricistas y equipos de mantenimiento cumplieran listas de comprobación hasta el último minuto. Los controles de seguridad fueron intensos; los equipos de operaciones revisaron redundancias, calibres y sensores por si alguna variable habría de torcer la cuenta atrás.

La BBC montó un operativo con la precisión de quien escucha el pulso de una comunidad global. Brian Cox, joven físico convertido en comunicador público, fue elegido rostro de la transmisión: encarnaba la mezcla buscada por la emisora —credencial científica, voz atractiva y capacidad pedagógica—. Cox ensayó guiones técnicos, ensayó metáforas que tradujeran kilojulios y teslas a imágenes accesibles. Su presencia permitió a la audiencia sentir un puente entre la pizarra y el corazón de la máquina; cuando hablaba de "pequeños choques que revelan el universo", la frase circulaba por pantallas del mundo con una cadencia que transmitía respeto y maravilla.

Lyn Evans, responsable del proyecto del LHC, asumió un papel análogo al de un director de orquesta técnico. Su voz, calmada y precisa, guiaba las operaciones desde la sala de control. Los días previos la sala se acondicionó para la transmisión: puntos para cámaras que no interfirieran con el trabajo operativo, ventanas adicionales para tomas controladas y un puesto de prensa directa para que comunicadores acreditados pudieran recibir briefings en tiempo real. Evans coordinó las últimas pruebas: sincronización de cavidades de RF, verificación del sistema de vacío, alineamiento de imanes y chequeo del sistema de control de haz. Cada subsistema tenía su responsable y su checklist: cuando una luz verde se encendía en un panel, no era apenas un indicador sino la certificación de meses de ensayo.

La expectación fue compartida. El auditorio principal del CERN se llenó con más de mil personas entre prensa, científicos y visitantes; había quienes dormían en colchonetas para asegurar un sitio en primera fila y quienes hacían guardias para transmitir imágenes desde puntos privilegiados. La BBC, con una programación especial bajo el rótulo "Big Bang Day", ofrecía conexiones en directo a través de radio y televisión; cadenas de otros países trabajaron en paralelo. Fue la convergencia de la sofisticación técnica con la demanda humana de presencia: millones de personas en televisores y pantallas esperaban, mientras en las suelas de los zapatos de Meyrin se acumulaban días de horas exactas.

El momento de arrancar fue casi ritual. La cuenta atrás encendió un silencio curioso: nadie habló por vanidad; los auriculares murmuraban órdenes, el teclado era un instrumento más. En la sala de control, acuerdos en voz baja, confirmaciones técnicas en tono mecánico —"tensión nominal lista", "vacío nominal establecido", "RF phasing confirmado"—— se combinaron con la respiración contenida de quienes sabían que el riesgo real ya había sido mitigado por semanas de pruebas, pero que la fragilidad humana siempre persiste. Los paneles mostraron lecturas en verde y cifras que, fuera del contexto, parecen arbitrariedades: 10^-10 mbar de vacío, campos magnéticos convergentes, tensiones de RF sincronizadas en microsegundos. Todo debía encajar.

Cuando se dio la orden, el haz se inyectó. No hubo explosión ni efecto cinematográfico; fue un proceso preciso: partículas introducidas con parámetros controlados comenzaron su trayectoria, impulsadas por cavidades y curvadas por imanes. La pantalla principal registró el registro: una traza en un gráfico, un número que ascendía y un pico que indicaba el paso por una célula del anillo. Luego otra traza, y otra. La lectura confirmaba algo que hasta entonces era promesa: la partícula había completado el anillo. En la sala se escuchó un suspiro colectivo que, en su contención, sonó parecido al alivio. Bromas, contenciones y algún aplauso mesurado se mezclaron. Brian Cox, desde la cabina de la BBC, tradujo la secuencia para la audiencia mundial: "Acabamos de ver un haz recorrer 27 kilómetros. No es solo una tecnología; es la curiosidad humana en movimiento."

El momento tuvo, para muchos allí presentes, una apariencia litúrgica. Científicos veteranos se miraron con los ojos húmedos; técnicos se abrazaron sin despertador de cámaras; estudiantes que alguna vez solo habían leído los planos vieron en vivo la intersección de lo teórico y lo operativo. La sensación no fue exultante en exceso, sino profunda: la culminación de años de trabajo, y un primer signo de que la máquina, esa composición de hierro, cable y lógica, empezaba a hablar. En el exterior, la transmisión de la BBC recogió la atmósfera con cuidado: entrevistas breves, explicaciones, rostros de quienes habían dedicado buena parte de su vida a ese momento.

No todo, en la jornada, fue perfecto. La operación prevista continuó con prudencia: afinar la estabilidad del haz, comprobar el comportamiento de los imanes en régimen operativo y confirmar lecturas cruzadas. El equipo mantenía la disciplina de no celebrarlo como un fin sino como una etapa: muchas pruebas por delante, calibraciones y la vigilancia de señales de anomalía. Sin embargo, la eficacia de la jornada fue tal que la prensa internacional registró el evento como hito y la imagen del haz completando la circunferencia se transformó en iconografía inmediata del CERN: una máquina que dejaba de ser invisible en las páginas técnicas y se convertía en relato compartido.

La repercusión fue global. Programas informativos destinaron espacios a entrevistas con físicos que explicaban posibles experimentos y con tecnólogos que contaban aplicaciones. Las universidades recibieron mayor interés de estudiantes; siguentes de prensa llenaron páginas y redes. Por un tiempo, Meyrin se volvió un nombre que personas en ciudades lejanas pronuncian con una mezcla de asombro y cercanía. La transmisión de la BBC fue piedra angular en ese cambio: el medio había elegido al portador correcto, Brian Cox, y había sabido conjugar expectación y pedagogía.

Al caer la noche, mientras la euforia aún no se disolvía por completo, quienes habían pasado la jornada se quedaron en pequeños grupos. Se hablaba de los pasos siguientes, de planificación de campañas experimentales y de lo que significaría mantener la intensidad. Algunos, menos optimistas y con la experiencia de la ingeniería, recordaron que la complejidad siempre trae sorpresas y que prudencia y verificación deberían guiar los próximos movimientos. Otros, con la mirada más ligera, celebraron el instante compartido: la máquina había completado su primer giro y el mundo lo había visto.

Big Bang Day no fue el final de la historia; fue un comienzo visible y ampliamente compartido. Para Meyrin representó la síntesis de lo que la Gran Ciencia puede ofrecer: un momento donde la técnica se encuentra con la imaginación pública, donde la precisión y la ceremonia se mezclan y donde la transmisión global cambia el significado de un experimento. En aquel día se dijo, sin proclamas grandilocuentes, que la curiosidad humana tiene instrumentos colosales; y que, en el mejor de los casos, esas máquinas son también máquinas de comunidad: ensamblajes de manos, mentes y voces que se conjugan para hacer que el universo revele un poco más de sí.

Capítulo 22: Diplomacia de partículas

NUEVE DÍAS DESPUÉS de la primera rotación, cuando la euforia todavía no se había secado del todo y los equipos empezaban a escribir planificaciones con mayor ambición, la rutina se rompió por un sonido imposible en un túnel que hasta ese momento había sonado a ventiladores y pasos: un estallido seco, acompañado de una onda de presión y un silbido agudo que parecía venir de las entrañas mismas del anillo. Era la madrugada del 19 de septiembre de 2008 y lo que siguió fue una secuencia en la que lo técnico y lo imprevisto se entrelazaron de forma violenta.

En la sala de control se encendieron alarmas en cadena. Monitores marcaban picos anómalos de voltaje y temperaturas subiendo en secciones donde el frío debía ser absoluto. Operadores, con auriculares, empezaron a interrogar lecturas, a buscar redundancias, a comparar señales. En el anillo, varios imanes habían sido desplazados: la fuerza de la energía liberada por el evento había arrastrado masa y generado deformaciones mecánicas. Un fuerte volumen de helio criogénico, en su estado líquido a 1.9 K, se transformó en vapor al calor de una pérdida resistiva; la nutrida columna de gas comprimido encontró salidas, fracturó aislamiento y dejó un rastro de daño mecánico, fragmentos y suciedad. La reacción en cadena —arco, quench, vapor— había provocado más que una interrupción técnica: había generado daño físico en componentes que, por su tamaño y precisión, tardarían en volver a la vida.

Técnicamente, el origen inmediato estuvo pronto identificado: una conexión —un empalme entre secciones superconductoras de cableación en los interconectores— presentó resistencia inesperada. En superconductores, una resistencia localizada es una anomalía crítica: el calor generado no se disipa, la superconductividad se pierde localmente y entonces una porción del conductor entra en estado resistivo (quench), liberando la energía almacenada en el campo magnético. En el LHC, donde la energía magnética acumulada es enorme, esa pérdida súbita se tradujo en una liberación violenta que provocó una expansión de helio y un empuje mecánico capaz de desalojar imanes y romper empalmes contiguos.

No hubo víctimas fatales; la protección de personal funcionó. Técnicos de turno cerraron procedimientos de seguridad, se evacuó el área y se implementaron protocolos de contención. Pero el daño material fue importante: varios imanes desalojados de sus soportes, empalmes dañados a lo largo de tramos, tuberías de criogenia comprometidas y un túnel salpicado de fragmentos metálicos y restos de aislamiento. La primera evaluación hablaba de meses de trabajo, de piezas que necesitaban inspección, reparación o sustitución y de una red de pruebas que debía reconstruirse con extremo detalle.

El efecto operativo fue inmediato: el LHC tuvo que ser declarado en parada mayor. Lo que en julio o agosto se leía como retraso menor se convirtió en replanteo global: calendario técnico, presupuesto y confianza pública. Los reparadores entraron en etapas largas y meticulosas: desensamblaje, recuperación de helio, secado, limpieza, levantamiento de imanes, verificación dimensional y, sobre todo, la investigación de la raíz del fallo. Se abrieron comités técnicos internos y externos; se hicieron inspecciones no solo de los empalmes dañados sino de cientos de conexiones similares alrededor del anillo.

Las explicaciones técnicas, cuando se publicaron en términos accesibles, apuntaron a una conjunción de factores: calidad imperfecta de algunos empalmes, procedimientos de fabricación y control de calidad que no detectaron resistencias en valores marginales, y un esquema de protección y detección que, si bien diseñado, no había previsto la magnitud de la falla en ese punto particular. La lección fue múltiple: la complejidad de la superconductividad a escala industrial exige controles más rigurosos, mediciones eléctricas de alta precisión en frío y redundancias mayores en circuitería de protección.

El colapso técnico trajo, inevitablemente, repercusiones políticas y financieras. El retraso de más de un año encareció la operación: costes de reparación, contratos extraordinarios con empresas, logística de reemplazo y pagos por equipos que debían reacondicionarse. Para una institución financiada por contribuciones estatales, la fórmula de negociación fue compleja: justificar sobrecostes, explicar cronogramas y ofrecer garantías para que los Estados miembros mantuvieran su apoyo. Además, la prensa internacional recogió titulares sensacionalistas y surgieron narrativas de pánico que mezclaron imprecisiones técnicas con especulaciones. La dirección del CERN tuvo que trabajar, simultáneamente, en la ingeniería y en la diplomacia: explicar a ministros, médicos, ciudadanos y medios qué había ocurrido y por qué las operaciones posteriores serían más seguras.

En la esfera pública la disonancia entre la necesidad de explicar y la tentación de dramatizar fue inmediata. Foros de internet y programas sensacionalistas usaron el incidente para revivir viejas historias de agujeros negros, riesgos existenciales y teorías conspirativas; algunos grupos ampararon la catástrofe técnica como prueba de peligros ocultos. El equipo de comunicación, liderado por profesionales que ya habían lidiado con la narrativa de Ángeles y Demonios y con las campañas sobre agujeros negros, se puso en marcha para calmar, informar y documentar. Publicaron informes técnicos, facilitaron visitas con explicaciones y pusieron a disposición de científicos independientes los datos que permitieran verificar las conclusiones sobre seguridad. La transparencia fue parte de la respuesta: demostrar cómo se había producido el fallo, qué medidas se implementarían y qué garantías se podían ofrecer para el futuro.

La investigación formal no se limitó a aclarar el origen inmediato. Se abrió un proceso de auditoría científica y de gestión: revisar procedimientos de QA en fabricación de empalmes, protocolos de testing en frío, criterios de aceptación y la estructura de decisiones que antecedieron a la puesta en marcha. El objetivo no era castigar —aunque sí hubo responsabilidades administrativas y revisiones— sino aprender. Los comités propusieron cambios concretos: instrumentación adicional para monitorizar empalmes en tiempo real, ensayos de resistencia eléctrica a temperaturas operativas, modificaciones en técnicas de soldadura y empalme, y mejora de los sistemas de protección y extracción de energía. Algunas recomendaciones implicaron cambios en la cadena de suministro y en la certificación industrial.

El episodio tuvo, también, un coste humano. Para ingenieros y técnicos implicados la experiencia fue traumática: ver montajes dañados, trabajar en condiciones de reparación difíciles y la presión de que cualquier error pudiera retrasar aún más el proyecto. Más allá del cansancio físico, hubo un efecto moral: la sensación de haber perdido meses de esfuerzo que se transformaron en horas de limpieza y reconstrucción. A su vez, en las oficinas, directores y gerentes tuvieron que enfrentar ministros y árbitros financieros en un diálogo cargado: pedir paciencia y justificar inversiones suplementarias no es tarea técnica sino diplomática y política.

A largo plazo, el fallo de septiembre resultó en cambios estructurales y en una mejora de la cultura de pruebas. Se instauraron procedimientos más estrictos de verificación de empalmes, incluyendo mediciones comparativas en condiciones criogénicas y la adopción de tecnologías de inspección no destructiva más sofisticadas. Las lecciones dieron lugar a una nueva rigurosidad: no bastaba con confiar en la experiencia; había que documentar, medir y auditar cada empalme y cada interfaz crítica. Asimismo, la experiencia reforzó la idea de que la Gran Ciencia exige no solo talento ingenieril sino sistemas administrativos con capacidad para absorber fallos y financiar reparaciones sin desmoronar el proyecto.

En la esfera pública, la narrativa cambió lentamente de alarma a aprendizaje. Los comunicados, los informes técnicos y la apertura a expertos independientes ayudaron a que la prensa especializada y muchos decisores entendieran el carácter técnico de la falla y las medidas tomadas. Sin embargo, para sectores que ya miraban con escepticismo a la institucionalidad científica, el episodio alimentó argumentarios críticos sobre costos y prioridades.

El desastre —en la medida en que lo fue— tuvo al final un efecto pedagógico: puso en evidencia la fragilidad de sistemas complejos, la necesidad de control de calidad extremo y la importancia de la humildad institucional. La reconstrucción del anillo, las pruebas adicionales y la entrada en servicio posterior del LHC llegaron con la conciencia renovada de que cada empalme, cada soldadura y cada ensayo forman parte de una cadena donde la más mínima fisura puede convertirse en lesión colectiva. La lección, impresa en manuales y en la memoria de quienes trabajaron en la reparación, fue sencilla y dura: la ambición tecnológica exige sistemas de verificación que sean tan rigurosos como las metas que se persiguen.

Capítulo 23: La excavación del anillo

EL APELATIVO MEDIÁTICO —"la Partícula de Dios"— circuló fuera de los laboratorios con el brillo inquietante de un titular que promete finalidades inmediatas y soluciones dramáticas. En los pasillos del CERN la frase se pronunciaba, cuando mucho, con ironía incómoda; la búsqueda del bosón de Higgs tenía para los físicos un tono mucho más humilde y menos mitológico: era la búsqueda de la pieza que cerraba un mecanismo matemático elegante, la comprobación de una hipótesis sobre cómo ciertas partículas adquieren masa. Entre 2010 y 2012, esa búsqueda concentró energías técnicas, recursos humanos y una intensidad emocional que solo puede entenderse si se mira simultáneamente la magnitud científica y la fragilidad personal que implica perseguir un objetivo de estado del arte.

El contexto era competitivo y claro: después del cierre del Tevatron en 2011, el LHC quedaba como la herramienta con mayor potencial para encontrar la partícula. El colisionador había elevado la energía disponible para colisiones y la luminosidad acumulada empezaba a ser suficiente para explorar rangos de masa donde el Higgs podía manifestarse. Pero la estrategia no era esperar imágenes obvias; era construir una red de canales experimentales, cada uno con virtudes y defectos, y pedir que el conjunto contara una historia coherente.

Las colaboraciones ATLAS y CMS calcularon rutas complementarias. Técnicamente se centraron en tres canales principales que ofrecían el mejor balance entre tasa y claridad:

- Diphoton ($H \rightarrow \gamma\gamma$): un canal con relativamente baja probabilidad de ocurrencia, pero con ventaja crucial: dos fotones energéticos crean un pico en la masa invariante con una resolución experimental fina. El problema eran los fondos continuos —procesos estándar que producen pares de fotones o fotones acompañados de jets mal identificados—, que requerían modelado estadístico y controles rigurosos sobre la identificación de fotones y sobre la calibración de la energía en los calorímetros.

- $ZZ \to 4$ leptones ($H \to ZZ^* \to 4\ell$): la llamada "canal dorado". Pocos eventos, pero extraordinaria claridad: cuatro leptones bien medibles permiten reconstruir la masa con resolución muy alta y reducen al mínimo la ambigüedad de fondo. La rareza de la señal obligaba a acumular grandes estadísticos para ver un pico convincente.

- $WW \to \ell\nu\ell\nu$: ofrece mayor tasa pero señales menos reconstruibles por la presencia de neutrinos invisibles; la medición depende de variables transversales, cortes de selección y modelos precisos de fondo. Era un canal importante para explorar masas intermedias y confirmar señales observadas en otras vías.

Complementarios estaban otros canales —$b\bar{b}$ en asociada con V, $\tau\tau$— que ofrecían información sobre acoplamientos y favorecerían la caracterización del bosón una vez descubierto. La filosofía fue clara: no bastaba un solo canal; la evidencia debía emerger de una combinación de resultados que, juntos, cumplieran criterios estadísticos estrictos.

Ese criterio estadístico fue, en la práctica, el corazón de la disciplina. El umbral aceptado para declarar descubrimiento era la famosa barrera de 5σ —una probabilidad de fluctuación aleatoria muy baja—, y la comunidad exigía también consistencia entre canales y corroboración entre experimentos. Pero la aproximación estadística era compleja: se tenía que modelar fondos continuos, incorporar incertidumbres sistemáticas (calibración de energía, eficiencia de detección, simulaciones de ruido y pileup) y calcular significancias locales y globales (la corrección por "look-elsewhere effect" que reduce la confianza cuando se buscan picos en muchas ventanas). Se generaron comités estadísticos que definieron procedimientos homogéneos y que garantizaron que ninguna afirmación se basara en artefactos de análisis.

La calidad de los datos evolucionó en paralelo con el trabajo instrumental. En 2010 y 2011 el LHC operó a 7 TeV y acumuló conjuntos de datos crecientes; en 2012 la energía se elevó a 8 TeV y la tasa de colisiones aumentó, lo que intensificó problemas prácticos: mayor pileup (eventos sobrepuestos por cruce), mayor demanda en triggers, necesidad de calibraciones más frecuentes y refinadas. Cada incremento de luminosidad era una bendición estadística pero también un desafío experimental: calibrar calorímetros con fuentes conocidas, alinear detectores de trazado con tolerancias submilimétricas, asegurar estabilidad temporal en electrónica y desarrollar algoritmos de selección capaces de separar los raros eventos de Higgs del océano habitual de colisiones.

Los análisis se hicieron con una disciplina casi religiosa: blindaje de resultados, revisiones internas y redundancias. Las colaboraciones establecieron comités de análisis que revisaban notas, pedían crosschecks independientes y exigían que los procedimientos estuvieran codificados y reproducibles. Muchos análisis comenzaron "blindados": los grupos desarrollaban métodos y calibraciones sobre datos simulados o sobre subconjuntos control, fijaban cortes y procedimientos sin mirar la región de masa de interés hasta que el método estuviera cerrado. La práctica evitaba la tentación de ajustar selecciones a fluctuaciones locales y extendía la credibilidad de los resultados.

Las noches en las salas de cómputo fueron largas. Analistas corrían cadenas de trabajos sobre grid farms, ajustaban modelos de fondo con funciones polinomiales o basadas en teoría, estimaban efectos sistemáticos con bootstrapping y creaban incorporaciones de incertidumbre. Los equipos de trigger trabajaban para optimizar umbrales y garantizar que ningún evento con la morfología de interés se perdiera por saturaciones. A la vez, los equipos de calibración revisaban picos resonantes ($Z \to \ell\ell$, J/ψ) para fijar la escala de energía y la resolución. Cada día traía nuevas entradas en plots y nuevas conversaciones en los pasillos: "¿qué pasa con ese pico en 125 GeV en el canal $\gamma\gamma$?"; "el ZZ muestra un exceso, pero ¿qué hacemos con el control de fondo?"; "¿hemos verificado el efecto del reweighing de pileup en esa selección?" La tensión era técnica y humana: el sueño de validar una hipótesis se mezclaba con la precariedad de carreras que dependen de publicaciones y del fondo disponible para futuros proyectos.

En 2011 empezaron a aparecer indicios prometedores: fluctuaciones consistentes en ventanas estrechas de masa en varios canales. Pero la prudencia científica pesaba. Los portavoces repetían las fórmulas de rigor: "señales consistentes con..."; nadie quería repetir la historia de falsos positivos que la física recuerda con amargura. El cierre del Tevatron en octubre de 2011 concentró la atención: el laboratorio estadounidense había aportado límites y señales incitantes en rangos bajos, pero ya no continuaría; la responsabilidad de la confirmación recayó casi exclusivamente en el LHC.

Los equipos trabajaron febrilmente durante la temporada de colisiones de 2012. Los aumentos energéticos regeneraron expectativas y la comunidad internacional observó con nerviosismo controlado. Las colaboraciones trabajaron en paralelo y en diálogo: se intercambiaban prácticas de estimación de fondo, detalles de calibración y procedimientos estadísticos (sin divulgar resultado provisional alguno). La coordinación entre experimentos se volvió central: la combinación de resultados demandaba entender correlaciones de incertidumbres sistemáticas y acordar modelos neutrales para backgrounds.

La preparación para el anuncio fue, en su fondo, emocionante y sobrecargada. Planes de seminarios, conferencias y protocolos de comunicación se discutieron con semanas de antelación. Los grupos finalizaban los documentos de revisión interna, compilaban pruebas cruzadas y preparaban presentaciones que, más tarde, transformarían el último tramo de la búsqueda en un hito público. Había conciencia de que el anuncio, si llegaba, no sería solo noticia científica sino acto histórico. Aun así la disciplina prevalecía: no se apresuraría la conclusión hasta que el umbral de robustez fuera incontrovertible.

Así se cerró una etapa de fricción, paciencia y expectativas: los años 2010-2012 fueron de acumulación, refinamiento, crosscheck y una pedagogía de la prudencia. La comunidad había aprendido a medir no solo partículas sino también la credibilidad; los análisis incorporaron rigurosidad estadística y control sistemático, y la cultura del blindado evitó decisiones impulsivas. En la periferia, el mundo miraba con mezcla de expectación y titulares fáciles; en el corazón del experimento, las noches de cálculo, las calibraciones y las discusiones técnicas continuaban, porque descubrir, en física de frontera, es tanto domar datos como sostener la humildad de quien sabe que una afirmación extraordinaria exige pruebas extraordinarias.

Capítulo 24: La Babel contemporánea: Diez idiomas y un rumor

LA MAÑANA DEL 4 DE julio de 2012 amaneció en Meyrin con una tensión que tenía algo de ceremonial y algo de examen final. El auditorio principal del CERN estaba ya colmado desde horas antes; muchos habían pasado la noche en sacos de dormir o con almohadas improvisadas para asegurar un asiento en primera fila. Alrededor, pantallas y salas satélite multiplicaban la presencia: colegas que no habían conseguido plaza se apiñaban en salas adyacentes; millares más seguían la transmisión en línea; la prensa internacional ocupaba filas reservadas con cámaras y micrófonos. Había en el aire la mezcla de lo cotidiano —cables, tazas de café, hojas de cálculo impresas— y de lo histórico: la posibilidad de cerrar una hipótesis teórica de medio siglo con una evidencia experimental robusta.

La sala, llena hasta el límite, permitía escuchar el roce de papeles y respiraciones contenidas. Los nervios se veían en manos que repasaban notas y en silencios que caían entre intervenciones técnicas. En la cabina superior, equipos de video preparaban tomas; periodistas consultaban listas de preguntas; en el patio de butacas, grupos de jóvenes investigadores se miraban sin pronunciar palabra, como si temieran romper la liturgia de la espera. La sensación general no era de exhibicionismo sino de vigilancia reverente: allí estaban quienes habían dedicado años a calibrar detectores, a pulir algoritmos y a perseguir estadística; aquel día podía ser la culminación o una más de las muchas promesas que la física ha visto naufragar.

Simultáneamente, en salas seguras y controladas, los portavoces de las colaboraciones ATLAS y CMS ultimaban presentaciones que habían sido escrupulosamente revisadas. Cada diapositiva contenía no solo datos sino la documentación de meses de crosschecks:

detalles de selección, curvas de masa invariante, estimaciones de fondo y análisis de incertidumbres sistemáticas. Cuando los encargados de ATLAS y CMS tomaron la palabra, lo hicieron con la gravedad de quien sabe que su afirmación será leída, juzgada y replicada por una comunidad global. Las exposiciones fueron técnicamente rigurosas: gráficos de masa que mostraban picos; intervalos de confianza; barras de error; y, por encima de todo, el lenguaje de prudencia estadística que todo físico respeta. No hubo proclamas triunfalistas; hubo exposición de números, de métodos y de la solidez de los controles.

En ATLAS se mostraron picos en la región de los 125 GeV en varios canales, notablemente en el diphoton y en el $ZZ \to 4\ell$, con significancias locales que rozaban el umbral experimental considerado decisorio. CMS, en paralelo, exhibió un conjunto de resultados coherentes: también presentaba acumulaciones en la misma ventana de masa en canales complementarios. Lo relevante no era un solo plot espectacular, sino la convergencia de señales en detectores independientes y en canales con sensibilidad distinta: la coherencia entre observaciones aumentaba la confianza. Los comités estadísticos de ambas colaboraciones habían trabajado horas para calcular significancias locales y globales, teniendo en cuenta el efecto de buscar señales en muchas ventanas, la posibilidad de fluctuaciones estadísticas y la robustez ante cambios razonables en las modelizaciones de fondo.

La decisión de anunciar públicamente —y en ese momento— recayó sobre la mesa directora del laboratorio. Rolf-Dieter Heuer, Director General, observó los datos combinados, el peso de las verificaciones internas y la sincronía entre las colaboraciones. Heuer medía no solo la solidez científica sino la responsabilidad institucional: un anuncio precipitado habría sido daño para el CERN; esperar demasiado, en cambio, hubiera aplazado una verdad cuyo peso histórico era inminente. Optó por un camino intermedio:

disponer la rueda de prensa para ese mismo día, con presentaciones paralelas y mensajes coordinados que transmitieran cautela y rigor. La decisión no fue acto teatral sino decisión de custodia: poner la evidencia ante la comunidad cuando la avalaran métodos y verificaciones.

El momento culminante llegó con un silencio apenas roto por respiraciones contenidas. Cuando los portavoces terminaron las presentaciones, la sala se llenó de una expectativa casi física. Entonces, con una mezcla de emoción contenida y profesionalismo, ATLAS y CMS concluyeron con frases medidas: habían observado "una nueva partícula" en la región de 125 GeV; su comportamiento era "consistente con el bosón de Higgs predicho por el Modelo Estándar"; faltaban, sin embargo, mediciones decisivas sobre propiedades como el spin y la paridad para afirmar con certeza que la partícula era, en todos los sentidos, el Higgs teórico. Ese matiz fue fundamental: la comunidad no recibía una afirmación dogmática sino una constatación empírica acompañada de las objeciones metodológicas necesarias.

La reacción en la sala fue inmediata y profundamente humana. Se produjo una ovación que no era grito de egos sino alivio y maravilla; miembros de las colaboraciones se abrazaron, algunos lloraron en silencio; los más veteranos, cuyas carreras habían atravesado décadas de debates teóricos, se miraron con lágrimas en los ojos. Entre los momentos más memorables está la imagen de Fabiola Gianotti, portavoz de ATLAS, al concluir su exposición: su voz se quebró en los instantes finales; la sala la rodeó en un aplauso que se prolongó. La emoción de Gianotti —captada por cámaras y replicada por pantallas en todo el mundo— sintetizó la mezcla de ciencia y humanidad: la fórmula teórica había sido probada por una maquinaria colectiva, y la persona al frente del anuncio no pudo contener la carga afectiva del acontecimiento.

Las palabras finales buscaron la precisión. No se dijo "hemos encontrado el Higgs" como un cierre teórico absoluto; se habló de "una partícula consistente con el Higgs" y se llamó a continuar mediciones para confirmar propiedades cuánticas como spin, paridad y acoplamientos a fermiones y bosones. El lenguaje técnico fue elegido con cuidado: los comunicadores del CERN y los portavoces científicos velaron por no convertir un hito en dogma prematuro. Esa prudencia fue leída por la prensa especializada y por la comunidad científica con respeto; para el gran público, sin embargo, la imagen —una máquina que había detectado la partícula clave que explicaba por qué algunas partículas tienen masa— se tradujo en titulares fulminantes.

Las repercusiones fueron globales. En minutos la noticia cruzó fronteras y en horas los noticieros del mundo la reproducían con entrevistas, explicaciones y gráficos. Redes sociales se llenaron de reacciones: celebraciones, memes, preguntas ingenuas y discursos de asombro. Universidades y escuelas recibieron más consultas de jóvenes interesados en física; las portadas de diarios titulaban con rostros de científicos y esquemas de colisiones. Para la comunidad científica fue el cierre de una etapa y el inicio de otra: confirmar que la nueva partícula no solo existía, sino que debía ser investigada con nuevas urgencias para determinar si correspondía plenamente a la partícula prevista por el mecanismo de Brout-Englert-Higgs o si asomaban desviaciones que indicarían física más allá del Modelo Estándar.

En Meyrin, la celebración fue contenida por la conciencia del trabajo por venir: calibraciones finas, mediciones de acoplamientos, búsqueda de rarezas y la inevitable multiplicidad de preguntas que abre cualquier descubrimiento. Fuera del CERN, la noticia generó orgullo y curiosidad: un laboratorio europeo se había situado, con instrumentos y colaboraciones masivas, en el corazón de un descubrimiento que reconfiguraría la física de partículas. Para quienes estuvieron allí, la imagen de Gianotti entre lágrimas y aplausos quedó como icono de una jornada en que la ciencia mostró su cara más humana: paciencia, rigor y la emoción contenida de quienes, después de décadas de espera, pudieron por fin decir que la naturaleza les había respondido.

Capítulo 25: El ocaso del científico solitario

LA CONFIRMACIÓN EXPERIMENTAL de una partícula que encajaba con el bosón predicho por la teoría no fue, para el universo de los teóricos, únicamente un dato en una tabla: fue la materialización de una intuición que había sido formulada décadas atrás en cuadernos, seminarios y correspondencia privada. Entre los nombres que resonaron con especial fuerza en aquella temporada de 2012 estaban los de Peter Higgs y François Englert, teóricos que, de modos distintos, habían propuesto la idea de que un mecanismo —lo que hoy se conoce como mecanismo de Brout-Englert-Higgs— permitiría a ciertas partículas adquirir masa sin romper las simetrías del Modelo Estándar. El reconocimiento público, cuando llegó en forma de Premio Nobel de Física, fue contemporáneamente celebración personal, cierre simbólico y recordatorio de raíces colectivas.

Peter Higgs representó ante las cámaras de todo el mundo una mezcla de humildad y sorpresa auténtica. Su figura, recatada, con gesto sencillo y una manera de hablar que evitaba la grandilocuencia, resumió la experiencia de muchos teóricos que ven cómo ideas abstractas encuentran anclaje en instrumentos materiales. La imagen de Higgs inclinando la cabeza y, en un momento íntimo, limpiándose una lágrima mientras recibía noticias y felicitaciones, dio la vuelta al mundo. No fue teatralidad; fue una emoción que condensaba una vida entera dedicada a la abstracción matemática y la espera de una respuesta experimental. Para observadores y colegas, la fotografía se volvió icónica: mostraba la dimensión humana de la ciencia, el asombro de quien ve materializarse una predicción hecha en cuadernos solitarios.

François Englert, con una trayectoria paralela pero independiente, recibió el premio con la serenidad de quien entiende la obra compartida. Englert, junto con Robert Brout en trabajos iniciales, ofreció un marco teórico que coincidía en esencia con la noción de un campo que permea el vacío y que, mediante su interacción con otras partículas, les confiere masa. La muerte de Robert Brout en 2011 añadió una nota trágica a la ceremonia del Nobel: el reconocimiento llegó en parte a un tríptico de ideas donde uno de sus coautores ya no estaba para recibir el galardón. En las conversaciones públicas posteriores, Englert y otros insistieron en recordar la contribución de Brout, subrayando que la historia de una teoría es siempre colectiva, tejida por intercambios, correcciones y convergencias entre varios autores.

La elección del comité Nobel en 2013 —galardonando a Englert y a Higgs— fue celebrada por muchos en la comunidad como una restitución histórica: la confirmación experimental había cerrado un circuito intelectual que conectaba hipótesis con pruebas. Pero también suscitó reflexiones sobre la temporalidad de los reconocimientos. La física teórica funciona en escalas de tiempo largas; algunos descubrimientos tardan décadas en poder ser observados con tecnología suficiente. El Nobel, que premia a individuos, se vio aquí forzado a explorar los límites de atribución personal en obras intrínsecamente colectivas. Muchos científicos aprovecharon la ocasión para subrayar lo obvio: que sin la construcción de colisionadores, imanes, detectores y de las comunidades que sostuvieron esos proyectos, la confirmación no habría sido posible. El galardón fue, por tanto, tanto reconocimiento a la intuición teórica como homenaje a la maquinaria experimental que la hizo visible.

En palabras menos ceremoniosas, la reacción internacional combinó dos tonos. Por un lado, la admiración por la capacidad abstractiva de los teóricos —la facultad de imaginar mecanismos formales con consecuencias físicas—; por otro, la gratitud hacia experimentadores, ingenieros y técnicos que materializaron andamiajes gigantescos para poner a prueba hipótesis delicadas.

Instituciones, universidades y periódicos subrayaron ese puente: sin la teoría, los detectores serían instrumentos sin dirección; sin la experiencia experimental, las fórmulas habrían seguido siendo ejercicios estéticos. La historia del Higgs se leyó, así, como narrativa ejemplar sobre la complementariedad entre imaginación matemática y labor de taller.

Peter Higgs, en sus intervenciones, reiteró con modestia que el descubrimiento era mérito de muchos: de quienes habían construido detectores, de quienes habían ensamblado software de análisis, de quienes diseñaron la ingeniería del acelerador y de quienes perseveraron en pruebas y comprobaciones sin el glamour público. Su gratitud no era fórmula retórica sino reconocimiento de una cadena humana que había hecho posible el resultado. En los festejos posteriores, en reuniones informales y en artículos de retrospección, muchos jóvenes investigadores comentaron que la figura de Higgs era ahora más cercana: un recordatorio de que la vida científica puede ser humilde y persistente, que la gloria, cuando llega, llega con una mezcla de incredulidad agradecida.

El premio Nobel tuvo, igualmente, efectos prácticos. Intensificó el interés público y político por la física fundamental, reavivó debates sobre financiación a largo plazo para infraestructuras científicas y ofreció a universidades y centros de investigación argumentos para sostener programas de formación en física y tecnología. Pero también abrió preguntas sobre el camino futuro: ¿qué significaba ahora consolidar una pieza del Modelo Estándar—el Higgs—cuando la teoría misma deja abiertas preguntas que requieren nuevas máquinas y mayores energías? El galardón no cerró el programa de investigación; lo amplificó: la confirmación del Higgs planteó nuevas preguntas sobre acoplamientos, estabilidad del vacío y la búsqueda de física más allá del Modelo Estándar.

El reconocimiento a Higgs y Englert activó, además, una conversación sobre cómo escribir la historia de la ciencia. ¿Cómo contar el tejido de ideas que conduce a un resultado? ¿Cómo integrar en las narrativas a quienes trabajan en instrumentación, a los técnicos y a los equipos de soporte que hacen operable la ciencia? En los años posteriores, museografías, documentales y artículos periodísticos intentaron incorporar una visión más plural: retratos de ingenieros, de técnicos de limpieza de detectores, de fabricantes de cables, de programadores de software de análisis. La elección del Nobel inspiró, por tanto, un movimiento divulgativo que buscó restaurar la memoria colectiva a favor de una narración menos centrada en figuras singulares y más atenta a la complejidad de la empresa científica.

El impacto humano del reconocimiento fue notable en Meyrin y en otras sedes. Para muchos veteranos que habían dedicado décadas al proyecto, el Nobel fue un acto simbólico que cerraba una era. Para jóvenes científicos fue un estímulo: ver que intuiciones teóricas pueden, algún día, traducirse en descubrimientos empíricos, reforzó vocaciones y alimentó carreras. En seminarios y charlas de departamento se percibía en los estudiantes una mezcla de asombro y ambición: la constatación de que la paciencia científica puede ser recompensada, aunque el tiempo entre teoría y evidencia muchas veces supere la carrera profesional individual.

El apodo "Partícula de Dios", ampliamente usado por prensa sensacionalista, fue criticado por muchos físicos por su carga semántica y por potencialmente alimentar malentendidos. Los científicos aprovecharon la ocasión para insistir en una comunicación pública responsable: usar metáforas que acerquen sin deformar el significado técnico y evitar simplificaciones que puedan desencadenar confusiones. El Nobel contribuyó, en ese sentido, a reorientar la conversación: de titulares sensacionalistas a explicaciones que, aunque menos rimbombantes, acercaran realmente a la ciudadanía la complejidad y el valor de la investigación.

En la memoria colectiva, la imagen de Higgs emocionado y Englert sereno quedó como uno de los iconos de la ciencia contemporánea: la unión de la imaginación teórica con el trabajo comunitario, la prueba de que algunas preguntas necesitan generaciones para ser respondidas y la evidencia de que la ciencia progresa en diálogo entre abstracción y experiencia. El premio Nobel fue un homenaje a la idea y a quienes, con manos y máquinas, la hicieron visible. Pero, sobre todo, fue recordatorio de que la ciencia es, en su forma más plena, un tejido humano que exige humildad: humildad para proponer con audacia, para esperar con paciencia y para reconocer, en cada triunfo, la multitud de manos que sostuvieron la promesa.

Capítulo 26: La burocracia de los gigantes

LA FOTO QUE RECORRIÓ el mundo quedó impresa en la memoria del laboratorio: Fabiola Gianotti, en el atrio principal, rodeada de técnicos que la miraban con mezcla de respeto y afecto. No era una imagen de triunfo efímero; era la constatación pública de una trayectoria larga y discreta: portavoz de ATLAS durante la conferencia de 2012, rostro de la confirmación del Higgs, y con el tiempo, candidata natural para una dirección que exigía tanto autoridad científica como habilidad diplomática. Su llegada al puesto de Directora General no fue un gesto simbólico aislado: fue la culminación de años en que una mujer demostró que la combinación entre rigor técnico y tacto institucional podía conducir una organización gigantesca.

Desde el inicio, Gianotti se percibió distinta por estilo más que por gesto: menos proclive a la exhibición estridente y más propensa a la escucha atenta. No buscó protagonismos fáciles; su estrategia pública consistió en poner el trabajo colectivo al frente y recordar con frecuencia a los técnicos, ingenieros y personal de mantenimiento que sin ellos no hay descubrimiento posible. Esa doble disposición —rigor y modestia— le granjeó confianza interna y le permitió negociar con Estados miembros y grandes contratistas con una mezcla de autoridad técnica y sensibilidad política difícil de replicar.

Su primer mandato se caracterizó por decisiones que combinaron gestión técnica con modernización cultural. En lo operacional su sello fue la búsqueda de estabilidad: supervisó las fases de reinicio del LHC tras el largo periodo de reparación post-2008 y apoyó las actualizaciones que permitieron operar a energías mayores. Bajo su dirección se dieron pasos cuidadosos para elevar luminosidad y energía, siempre acompañados de protocolos de seguridad rigurosos y de campañas de comunicación públicas que explicaran los riesgos —reales y teóricos— en lenguaje accesible. Esa forma de trabajar le ganó elogios de la comunidad científica y la confianza de ministros hesitantes: Gianotti articulaba argumentos técnicos que convencían a quienes debían firmar cheques y a quienes debían autorizar pasos operativos.

Pero su legado no fue sólo técnico. Tuvo la voluntad visible de transformar la cultura institucional del CERN hacia una mayor inclusión y responsabilidad. En un organismo multinacional dominado históricamente por estructuras tradicionales, esa transformación exigió medidas concretas y, sobre todo, coherencia entre palabra y práctica. Gianotti impulsó políticas para promover la presencia de mujeres en comités técnicos, en comisiones de selección y, más allá de cuotas, en programas de mentoría que emparejaran a científicas jóvenes con investigadoras senior. La iniciativa no fue cosmética: incluyó objetivos medibles, seguimiento anual y cláusulas que condicionaban financiación de proyectos a la adopción de prácticas de igualdad en equipos participantes.

Cuando surgieron denuncias de sexismo y acoso —no inexistentes en un entorno de alta competitividad— la reacción de su dirección fue determinante para consolidar la credibilidad de su gestión. Adoptó una política de tolerancia cero hacia comportamientos que vulneraran la dignidad, y fue explícita en su disposición a abrir investigaciones independientes. En casos sonados, la administración decidió suspender preventivamente a personas implicadas hasta que procesos investigativos externos arrojaran conclusiones; las medidas generaron controversia en algunos sectores —acusaciones de precipitación en los procedimientos o de vulneración de presunción de inocencia—, pero, para muchos, fueron señales claras de que la institución no protegería reputaciones por encima de la seguridad y la dignidad de sus miembros.

Esa línea —rapidez en la respuesta, procedimientos transparentes y protección de las víctimas— implicó también modernizar los mecanismos internos de denuncia. Bajo su mandato se fortaleció el sistema de whistleblowing: canales seguros, cifrados, con garantías de anonimato y gestión por terceros independientes; protocolos para evitar represalias; y procesos claros de temporización y reparación. La existencia de ese sistema permitió que quejas, incluidas las más delicadas, fueran tramitadas con profesionalidad y con respeto por los derechos de todas las partes. No fue un camino sin fricción: hubo debates sobre límites, tiempos de investigación y criterios para las sanciones; pero la apuesta institucional fue a favor de la transparencia y la protección.

Gianotti también supo leer la necesidad de modernizar la comunicación pública del CERN. Entendió que la institución iba a vivir en una era de vigilancia mediática constante y que una política reactiva ya no bastaba. Impulsó la profesionalización del equipo de comunicaciones —no como aparato meramente defensivo sino como puente pedagógico— y promovió materiales que explicaran procedimientos, seguridad y retornos tecnológicos con claridad. El objetivo era doble: contrarrestar pánicos infundados y ganar la confianza de públicos múltiples —ministros, ciudadanos locales, estudiantes— mostrando que el laboratorio no era caja negra sino espacio de deliberación abierta que asumía riesgos con responsabilidad.

Hubo decisiones duras y polémicas en las que su liderazgo fue puesto a prueba. La suspensión del físico que pronunciara una charla misógina en un taller sobre género y ciencia (el caso Strumia) fue una de ellas. La dirección, a instancias de Gianotti, optó por medidas que protegieran el ambiente de trabajo y que sancionaran discursos que deslegitimaban a grupos enteros bajo pretexto de análisis estadísticos. El paso implicó una defensa de valores institucionales que no buscaban acallar debates académicos, sino proteger la integridad y la inclusión de la comunidad. La decisión suscitó debates sobre libertad de expresión versus protección del ambiente laboral; Gianotti defendió la necesidad de estándares que conjugaran discusión académica con respeto y evidencias rigurosas.

Su mandato avanzó con una segunda reelección que muchos interpretaron como confirmación de su equilibrio entre diplomacia y ciencia. Reelecta con mayoría, su gestión fue vista por Estados miembros como fórmula fiable para negociar inversiones, ampliar colaboraciones y mantener al CERN en el centro del mapa científico mundial. En esos años, además, Gianotti impulsó una agenda de modernización administrativa: simplificación de procesos de contratación, digitalización de procedimientos y fortalecimiento de la formación en gestión de proyectos grandes. La intención era clara: que la excelencia técnica no se viera ahogada por burocracia lenta o por prácticas administrativas obsoletas.

Uno de los proyectos emblemáticos promovidos durante su dirección fue el Science Gateway, concebido como un espacio público y educativo destinado a reducir la distancia entre la comunidad científica y la ciudadanía. Inaugurado simbólicamente en 2025, el Centro no solo alojó exposiciones y recorridos tecnológicos, sino que se diseñó como foro de diálogo sobre ética, usos tecnológicos y riesgos de la investigación avanzada. Ese gesto no fue menor: representó la convicción de que la sostenibilidad social del CERN exigía transparencia y espacios de habla pública donde las preguntas legítimas pudieran discutirse sin pánicos ni simplificaciones.

En lo internacional, Gianotti supo negociar con frialdad política y con calidez personal. Mantuvo redes con universidades, agencias y con actores industriales, y defendió la apertura del CERN a socios observadores sin perder la identidad europea del organismo. Esa tarea diplomática implicó equilibrar demandas de acceso con protección de autonomía científica: aceptar colaboraciones estratégicas, pero negar concesiones que amenazaran la independencia de líneas de investigación fundamentales.

El balance humano de su dirección se ve en pequeñas escenas: la directora que baja a saludar a técnicos en túneles después de reuniones con ministros; la que asiste a comidas de graduación de posdoctorados; la que firma cartas de reconocimiento para equipos de mantenimiento cuya labor suele pasar desapercibida. Esa atención por lo cotidiano fue parte de su eficacia política: la autoridad que se construye no solo se impone desde despachos, se sostiene en gestos que reconocen el talento y el costado anónimo del trabajo científico.

No todo, naturalmente, fue consenso. Las críticas procedieron de sectores que consideraron sus medidas excesivamente burocráticas o excesivamente políticas, y hubo quienes reprocharon a la dirección mayor celo en el cumplimiento normativo a costa de una menor inventiva operativa. Aun así, la mayoría de las tensiones se resolvieron en mesas técnicas y con reformas iterativas: ajustes en protocolos, revisión de comités y mayor participación de jóvenes investigadores en decisiones operativas.

Al concluir su mandato, el legado de Gianotti se resumió en varios ejes: modernización administrativa, políticas de inclusión efectiva, fortalecimiento de comunicación pública y defensa firme de la ética institucional. Pero quizá lo más perdurable fue la cultura que fomentó: menos heroísmo individual y más reconocimiento colectivo; menos celebridad mediática y más disciplina colectiva; menos silencio institucional y más disposición a debatir públicamente riesgos y límites. En una era en que la ciencia se mide tanto por sus descubrimientos como por su legitimidad social, su gestión dejó la señal de que las instituciones científicas pueden —y deben— conjugar excelencia técnica con responsabilidad humana.

La foto final del capítulo es sencilla: Gianotti en un pasillo del CERN, hablando con una joven investigadora que le señala una pantalla. No es una foto de gala; es una imagen de tránsito: la directora conversa, escucha, anota. La escena condensa su modo de liderazgo: presencia, atención y la certeza de que el futuro de la

Gran Ciencia depende tanto de decisiones estratégicas como de la capacidad de cuidar a quienes hacen posible el descubrimiento.

Capítulo 27: Ingeniería de lo invisible

FUE UNA MADRUGADA DE octubre de 2009 cuando la rutina doméstica de una familia se vio rota por el oficio seco de la policía. Agentes entraron en la casa de los padres de Adlene Hicheur, lo esposaron y se lo llevaron. La noticia se propagó por el CERN como una sacudida: no era la detención de un técnico anónimo, sino la de un físico joven, con publicaciones, compañerismos y proyectos; uno de esos investigadores que circulan entre túneles y ordenadores como si la vida fuera una sucesión de problemas por resolver. La resonancia no fue solo profesional: estaba el rostro humano del detenido, su origen franco-argelino, y la sensación inmediata de que algo más —político, jurídico, simbólico— acabaría por colisionar con la vida cotidiana del laboratorio.

La acusación, tal como la presentó la fiscalía, era grave: "asociación delictiva con organización terrorista". El caso pivotó sobre comunicaciones electrónicas —unos treinta y tantos correos y mensajes— entre Hicheur y un contacto identificado por la investigación como "Phoenix Shadow". En la lectura oficial, ciertos intercambios contenían retórica violenta y expresiones que la fiscalía interpretó como apoyo ideológico o preparación indirecta. Además, la investigación buscó vínculos y contextos que pudieran mostrar una transición de la palabra a la acción. Esos elementos constituyeron el andamiaje probatorio sobre el que se articuló la imputación.

Desde el principio la situación tuvo matices inquietantes. Una parte importante del material presentado por la acusación era textual: frases, artículos compartidos, comentarios en foros —cuestiones que, en muchos casos, rozan el terreno de la opinión política y del discurso crítico. La defensa sostuvo esa distinción con fundamento: cuestionó que la retórica fuera equivalente a conspiración operativa; negó planes materiales, ausencia de armas, ausencia de movimiento de recursos y, sobre todo, la voluntad de ejecutar acciones violentas. Argumentó que los intercambios podían entenderse como expresiones políticas extremas pero no como actos preparatorios. El debate central se reducía, en efecto, a la línea difícil entre pensamiento y delito: ¿dónde poner el límite entre radicalidad verbal y asociación criminal?

La respuesta penal fue draconiana en términos de libertad personal. Hicheur estuvo un tiempo prolongado en detención preventiva —casi tres años, según registros que circularon durante el proceso, cerca de 949 días— mientras la instrucción y la causa se demoraban. Aquella prolongación en prisión preventiva hizo del caso no sólo una cuestión jurídica sino una alarma sobre el uso de esa figura procesal: la privación de libertad antes de sentencia, si se prolonga, erosiona la vida profesional y personal de cualquiera, aun cuando la acusación sea compleja y requiera investigación. Para muchos colegas, ver a un científico pasar casi mil días fuera de su laboratorio fue experiencia traumática: proyectos interrumpidos, experimentos desatendidos y una comunidad dividida entre desconfianza y solidaridad.

El juicio, sostenido con la presión mediática y política de un tema delicado, se celebró en marzo de 2012. Las salas judiciales recibieron a expertos, peritos y testigos; la defensa insistió en la ausencia de hechos materiales que demostraran intención operativa; la fiscalía argumentó que las letras y mensajes, en su conjunto, conformaban un tejido de asociación. Los expertos en derecho penal y en terrorismo se cruzaron en opiniones: algunos señalaron la necesidad de prudencia en la aplicación de figuras penales a casos donde la frontera entre palabra y violencia es borrosa; otros defendieron la carga de la prevención en contextos de riesgo. En ese intercambio, el laboratorio y la comunidad académica siguieron expectantes.

La sentencia, cuando se dictó en 2012, cerró el proceso con una resolución que, en el fondo, actuó sobre lo inmediato: el tiempo de detención preventiva ya cumplido implicó que la condena se tradujera en liberación casi inmediata. Justicia formal y justicia material aquí tomaron caminos distintos: la pena impuesta, según el fallo, quedó cubierta en buena medida por el tiempo que Hicheur había pasado en prisión preventiva, de modo que su salida no supuso regreso pleno a la normalidad. El juicio terminó, pero el daño ya estaba hecho: años de carrera truncada, una reputación en parte marchita y secuelas personales difíciles de reparar.

La repercusión interna en el CERN fue compleja y poderosa. Inmediatamente, un sector significativo de la comunidad científica interpretó el caso como una alerta sobre la criminalización de la expresión política y la vulnerabilidad que afrontan los investigadores de origen no europeo en contextos de seguridad elevada. Aparecieron cartas de apoyo; más de seiscientas firmas de científicos —entre ellas voces de gran peso académico— pedían revisión y respeto del debido proceso, y denunciaban el riesgo de perfiles discriminatorios. La defensa de Hicheur por parte de colegas no fue un acto automático: fue un reclamo por garantías procesales, por el principio de inocencia y por el valor de la libertad académica. Al mismo tiempo, desde la opinión pública y ciertas esferas políticas se escucharon comentarios que exigían mano dura ante cualquier atisbo de radicalización.

El laboratorio, atrapado entre la obligación de cooperar con autoridades nacionales y la defensa de la libertad de investigación, tuvo que maniobrar con cuidado. El CERN manifestó respeto por el proceso judicial y la independencia de las magistraturas, pero también procuró garantías mínimas para proteger a sus miembros: asesoría legal limitada, protocolos para visados y permisos y la necesidad de que los procedimientos judiciales respetaran la confidencialidad cuando fuera pertinente. Fue un ejercicio de equilibrio: cooperar con la ley sin abandonar la defensa de los derechos fundacionales de la comunidad académica.

El precio para Hicheur fue alto y prolongado. A nivel profesional, sus publicaciones, proyectos y redes sufrieron interrupciones; la reinserción resultó complicada: puertas que antes estaban abiertas se cerraron; invitaciones a congresos se desvanecieron; la sospecha, por mínima que fuera, siguió a su nombre. A nivel personal, los años de detención preventiva y el proceso dejaron secuelas: estrés postraumático reportado por algunos, dificultades para reestablecer una trayectoria científica estable y un estigma social difícil de borrar. La vida de quien había sido joven promesa quedó, para siempre, marcada por un episodio que, en muchos sentidos, trascendió lo individual.

El caso Hicheur se instaló en el debate público como ejemplo de la tensión entre seguridad y libertad en sociedades democráticas. Planteó preguntas incómodas: ¿hasta qué punto pueden los estados y las instituciones limitar la libertad de expresión en nombre de la prevención? ¿Qué derechos tienen los investigadores en contextos de vigilancia reforzada? ¿Cómo evitar perfiles y discriminaciones en procesos que implican origen, religión o crítica política? Para el CERN, y para muchas instituciones académicas transnacionales, el episodio fue un llamado a repensar protocolos de apoyo legal y de protección a empleados en contextos donde la seguridad nacional se cruza con la actividad intelectual.

En retrospectiva, el caso mostró varias lecciones prácticas: la necesidad de sistemas de asesoría legal robustos para científicos internacionales; la conveniencia de protocolos institucionales para cooperar con autoridades sin vulnerar derechos; la urgencia de promover alfabetización sobre riesgo y seguridad entre personal que trabaja en fronteras sensibles; y, quizás sobre todo, la importancia de defender el principio de inocencia y las garantías procesales como pilares que sostienen la libertad intelectual. El episodio dejó heridas, sí, pero también impulsó cambios: debates, reformas y una conciencia mayor sobre la fragilidad de la reputación individual frente a procesos largos y públicos.

Lo que queda, claro, es humano: la vida de un científico alterada por la máquina judicial, una comunidad que se fracturó entre confianza y alarma, y la sensación de que, en tiempos de miedo, la defensa de la libertad académica es tanto un deber técnico como ético. La memoria del episodio sirve a la institución como advertencia: la ciencia prospera con apertura, pero esa apertura exige marcos jurídicos y sociales que protejan a las personas frente a la precariedad de procesos largos y sensibles.

Capítulo 28: El Gran Colisionador de Hadrones (LHC)

EL CASO DE ADLENE HICHEUR no se agotó con la sala del tribunal; se extendió como una fisura por toda la vida institucional y social que rodeaba al CERN. En la fase pública del proceso quedó expuesto un fenómeno más amplio: la manera en que la seguridad nacional y las políticas de prevención pueden proyectarse sobre individuos y comunidades, y la facilidad con que sospechas no verificadas degeneran en perfiles y prácticas de vigilancia que afectan de modo desproporcionado a personas de origen musulmán o procedentes de regiones en conflicto.

El contexto político europeo de esos años era de alta sensibilidad ante el terrorismo transnacional. Las autoridades buscaban señales y redes; los medios amplificaban los descubrimientos policiales; los gobiernos recibían presiones para mostrar mano dura. En ese clima, la detención de un científico con vínculos familiares en el Magreb se prestó a interpretaciones que a menudo se movían entre lo legítimo y lo exagerado. Hubo, desde el inicio, declaraciones públicas que no contribuyeron a la moderación. La celebración prematura del arresto por parte de figuras políticas —capítulos posteriores nombraron a ministros que, al felicitar a las fuerzas del orden antes de que el proceso avanzara— alimentó la percepción de una condena anticipada y subrayó el uso político de un hecho judicial para consolidar imagen de seguridad.

Ese uso político tuvo consecuencias concretas. En los meses siguientes a la detención, investigadores y personal de origen magrebí o musulmán reportaron entrevistas de control migratorio más largas, revisiones de visados con preguntas sobre redes de contactos, y llamados inesperados de agentes que querían acceder a registros profesionales. Para muchos el mensaje fue claro: pertenecer a una religión o tener orígenes étnicos determinados implicaba ahora un riesgo de vigilancia mayor que sus colegas. La sensación de ser sujeto de escrutinio empezó a permear la vida cotidiana del laboratorio: correos que se leían con cautela, reuniones evitadas por temor a preguntas indeseadas, autocensura en publicaciones y en comentarios públicos.

La academia reaccionó con una doble urgencia. Por un lado, surgieron las cartas de apoyo a Hicheur: más de 600 firmas de científicos que pedían prudencia procesal y defendían la presunción de inocencia. Entre los firmantes se contaron figuras de alto prestigio, lo que dio un peso simbólico a la protesta y alertó a la opinión pública sobre los riesgos de perfilar a investigadores por su origen. Por otro lado, hubo voces que señalaron la necesidad de cooperación con autoridades cuando la seguridad nacional está en juego. Esa tensión —libertad académica versus obligación cívica de prevenir riesgos— se volvió el debate central en seminarios, editorialistas y comités de gobernanza institucional.

El laboratorio, como organización, tuvo que traducir ese debate en políticas concretas. La primera reacción fue defensiva y operativa: revisar protocolos de cooperación con fuerzas policiales y judiciales, clarificar límites de entrega de datos personales y establecer un procedimiento formal por el cual las solicitudes de acceso a información de investigadores debían pasar por instancias jurídicas antes de ser atendidas. Se instituyeron salvaguardas: exigencia de mandatos judiciales sólidos para solicitudes de datos confidenciales, notificación interna a la unidad legal del CERN y, cuando era posible, la presencia de representantes institucionales en conversaciones con autoridades. La intención fue doble: proteger el debido proceso y evitar filtraciones que pudieran convertir una investigación en espectáculo mediático.

Pero las medidas procedimentales no bastaron para mitigar los efectos culturales. Muchos miembros de la comunidad denunciaron un aumento en microagresiones y en comportamientos discriminatorios: bromas sobre nacionalidades en pasillos, sospechas en la asignación de proyectos sensibles, e incluso preguntas impropias en entrevistas internas sobre afiliaciones personales. La dirección del CERN entendió que era necesario un abordaje más profundo: campañas de sensibilización, formación en diversidad y sesiones sobre sesgos inconscientes para responsables de contratación y líderes de proyectos. Se impartieron talleres obligatorios sobre no discriminación, reconocimiento de microagresiones y protocolos para intervenir cuando un colega señalaba comportamientos estigmatizantes.

El impacto en la carrera de investigadores «perfiles» fue inmediato y doloroso. Algunos colegas de origen magrebí experimentaron rechazos en convocatorias para puestos temporales o como colaboradores en proyectos sensibles, no por carencia técnica sino por precaución administrativa. Otros, directamente, optaron por aceptar ofertas fuera del CERN o en sectores donde el escrutinio estatal fuera menor. El efecto compuesto fue doble: pérdida de talento y empobrecimiento de la diversidad intelectual del laboratorio. Para muchos fue evidente que la persecución indirecta no solo perjudicaba individuos sino que debilitaba la capacidad colectiva de innovación.

También hubo efectos institucionales en la relación con autoridades nacionales. Los gobiernos reclamaban colaboración y transparencia; el CERN respondió con protocolos que intentaban equilibrar cumplimiento legal y defensa de derechos. Se negociaron memorandos de entendimiento que establecían cauces claros de cooperación judicial y criterios sobre acceso a datos, buscando limitar la discrecionalidad. La lección fue administrativa: la organización que opera en la frontera de la seguridad necesita acuerdos explícitos que protejan tanto la investigación como las libertades individuales.

El caso produjo, además, una reflexión ética más amplia en el mundo académico. Se abrió el debate sobre la exportación de controles de seguridad y prácticas policiales a entornos científicos: ¿hasta qué punto la lógica de la prevención justifica vigilar comunidades académicas cada vez más globales? ¿Cómo diseñar protocolos que no terminen criminalizando opiniones políticas críticas ni minorías culturales? Distintos foros internacionales y comités de ética científica comenzaron a trabajar en guías que recomienden cómo responder a solicitudes de información en contextos de seguridad sin vulnerar derechos humanos fundamentales.

Un resultado institucional concreto fue la creación de un servicio de asesoría legal y de derechos humanos para investigadores internacionales. El CERN habilitó —y financió parcialmente— un servicio de apoyo jurídico para miembros extranjeros que enfrentaran requerimientos administrativos o judiciales relacionados con su residencia, visados o investigaciones. Se promovieron además acuerdos con universidades y ONGs que ofrecen asesoría sobre representación legal en casos complejos. Esa práctica, aunque no evita la vulneración inicial del derecho, ofrece una red de contención que puede reducir impactos personales en procesos largos.

A posteriori, el caso dejó una serie de consecuencias acumuladas. Por un lado, hizo visible una fragilidad: la facilidad con que procesos judiciales pueden volverse políticas y la necesidad de proteger el espacio académico de instrumentalizaciones. Por otro lado, incentivó cambios: protocolos más robustos de cooperación con autoridades, líneas de apoyo jurídico, formación obligatoria en diversidad y medidas preventivas para asegurar que la cooperación estatal no se convierta en vigilancia discriminatoria. También impulsó una mayor conciencia colectiva sobre la vulnerabilidad de investigadores que proceden de contextos politizados.

No obstante, las heridas tardan en cerrar. Para quien fue directamente afectado, y para muchos de sus colegas, el recuerdo del periodo de detención preventiva, la exposición mediática y la lenta reconstrucción profesional siguen siendo parte de su biografía. En la institución quedó la memoria de una lección crucial: la defensa de la libertad académica no es solo un valor abstracto sino una práctica diaria que exige procedimientos, formación, recursos jurídicos y, por encima de todo, voluntad política para sostener la pluralidad en tiempos de miedo.

En una sala de reuniones, dos colegas discuten un proyecto de detector mientras, en la mesa, hay un folleto sobre derechos de los trabajadores extranjeros y una hoja con protocolos de respuesta a solicitudes judiciales. Esa sobreposición material —tecnología y normativa— simboliza el aprendizaje: la Gran Ciencia exige no solo imanes y criogenia sino marcos institucionales que protejan a quienes la hacen posible; y esa protección, cuando falta, lo pone todo en riesgo.

Capítulo 29: Presupuestos, sobrecostes y quimeras

SEPTIEMBRE DE 2018 arrancó en el CERN con un taller sobre género y física que había sido concebido como espacio de reflexión interna: sesiones diseñadas para discutir sesgos de contratación, iniciativas de igualdad y métodos para mejorar la participación de grupos subrepresentados. Era un foro pequeño, con investigadores invitados, personal de recursos humanos y algunos activistas internos; no estaba pensado para la confrontación pública. En ese contexto tomó la palabra Alessandro Strumia, físico teórico italiano con trayectoria en teoría de partículas, que presentó una charla titulada de modo provocador y cuyo contenido pronto haría saltar todas las alarmas.

La charla de Strumia no fue un análisis académico neutral sobre estadística de publicaciones; fue una exposición donde interpretó datos y gráficos de forma selectiva para sostener una tesis general: que la física "fue inventada por hombres" y que las políticas de igualdad eran fruto de una agenda ideológica —lo que él denominó, en su retórica, "marxismo cultural"— que estaba deformando criterios meritocráticos. Su presentación combinó correlaciones sin control, extrapolaciones arriesgadas sobre hábitos de citación y afirmaciones que atribuían diferencias de representación a aptitud innata más que a factores sociales, estructurales o históricos. En el lenguaje y en la selección de evidencias, muchos encontraron no solo un análisis erróneo sino un discurso explícitamente misógino: no se limitó a plantear preguntas incómodas sino a desacreditar la presencia y capacidad de las mujeres en la física como si fuera una conclusión ya verificada.

La reacción no tardó en llegar, y fue inmediata en redes sociales. Jessica Wade —investigadora británica que venía trabajando activamente para visibilizar a mujeres científicas en Wikipedia y en iniciativas de igualdad— publicó en Twitter un hilo que condensaba el problema: análisis falaces, ausencia de controles estadísticos básicos, y una exposición de tono que legitimaba estereotipos. Su intervención se viralizó y multiplicó la atención pública. Desde dentro del CERN, colegas alarmados por la retórica exigieron explicaciones a la organización: la queja no era sólo contra una charla mal argumentada, sino contra la exposición de un discurso en un foro institucional que ponía en cuestión el derecho de cientos de científicas a ser reconocidas por méritos y no descalificadas por supuestas diferencias biológicas.

La dirección del laboratorio reaccionó con rapidez —y con prudencia—: suspendió la disponibilidad de los materiales de la charla y anunció una investigación por violación del código de conducta del CERN. La medida no fue simbólica; significó que la institución consideraba que el contenido y el modo de presentación podían vulnerar normas internas sobre respeto y no discriminación. La suspensión encendió un debate mucho más amplio: ¿dónde trazar la línea entre libertad de expresión académica y discurso que vulnera la dignidad de colectivos? La pregunta sería, en los días siguientes, objeto de cartas públicas, columnas y llamados a la reflexión en revistas especializadas.

La respuesta de la comunidad científica tomó la forma de una movilización masiva. Más de 1.600 físicos firmaron y difundieron una carta pública condenando los argumentos de Strumia y respaldando las medidas de la dirección del CERN. La carta no fue sólo una reacción emotiva: fue una muestra de que la comunidad, en un número significativo, consideraba que el taller no era el foro para presentar tesis que no respetaran normas básicas de evidencia y que, además, resultaban dañinas para la inclusión profesional. Entre los firmantes hubo voces de peso académico internacional: razones técnicas y éticas se entrelazaron para señalar que lo que se había expuesto no era una disidencia legítima sino un discurso que contribuía a excluir.

Académicos defendían principios amplios de libertad de expresión advirtieron sobre peligrosos precedentes de censura; por otro lado, trabajadoras y trabajadores reclaman medidas activas para proteger ambientes de trabajo libres de hostilidad. La dicotomía no era fácil de resolver en abstracto. En la práctica, muchas instituciones optaron por distinguir entre la libertad de expresar ideas y la responsabilidad institucional de no proporcionar plataformas institucionales a discursos que no respetan estándares mínimos de evidencia y que, además, vulneran derechos personales.

El CERN, en su reflexión institucional, situó la cuestión en términos prácticos: un taller patrocinado por la organización no es un ágora sin reglas; las instituciones tienen deberes de proteger ambientes laborales y de evitar que actividades oficiales normalicen discriminaciones. La dirección impulsó entonces una revisión del código de conducta y del proceso de selección de ponentes para talleres organizados en sus sedes. Se introdujeron exigencias más estrictas sobre revisión previa de contenidos en eventos patrocinados, mecanismos de evaluación para garantizar que presentaciones de naturaleza polémica contaran con contrapesos y la obligación de incluir expertos críticos en paneles cuando la materia requiriera un debate científico riguroso.

Además, el laboratorio extendió iniciativas de formación: talleres obligatorios sobre sesgos implícitos para organizadores de eventos, cursos de diversidad para líderes de proyectos y guías prácticas para moderar debates sensibles. La idea fue evitar que la respuesta institucional fuera reactiva y, en cambio, convertir el episodio en una oportunidad para construir resiliencia cultural: más inclusión, mayor alfabetización metodológica y protección contra discursos que, disfrazados de debate académico, reproducen estereotipos dañinos.

El caso dejó también una huella educativa. En muchos laboratorios y departamentos se introdujeron seminarios metodológicos: cómo interpretar datos sociométricos sin sesgos, qué controles se requieren para establecer inferencias causales y cómo evitar que correlaciones espurias se conviertan en narrativas culturales. La lección fue práctica: la ciencia exige estándares de evidencia; las afirmaciones sobre diferencias de rendimiento entre grupos humanos demandan controles estadísticos, proposiciones alternativas exploradas y, sobre todo, cautela en la interpretación. La ausencia de estos pasos no es simple descuido técnico; tiene consecuencias sociales tangibles.

No obstante, la polémica no desapareció con la implementación de procedimientos. Surgieron defensas acérrimas de la libertad de debate y críticas a lo que algunos denominaron "corrección política" que, en su lectura, cercenaba preguntas incómodas. Los defensores de las medidas institucionales replicaron con un argumento simple:

debatir no es lo mismo que legitimar; los foros públicos requieren estándares y responsabilidades. El CERN, por su parte, mantuvo que la política de la institución debía proteger tanto la libre investigación como la dignidad de todos sus miembros.

A mediano plazo, el episodio Strumia condujo a cambios concretos: procedimientos de revisión más estrictos para talleres y charlas institucionales, formación obligatoria para organizadores, protocolos para la gestión de quejas y un fortalecimiento de las políticas de igualdad. Además, la comunidad científica se volvió más atenta a la relación entre datos y narrativas sociales: artículos, conferencias y manuales empezaron a incluir capítulos dedicados a métodos estadísticos con énfasis en sesgos de selección y en la interpretación responsable de correlaciones.

La lección más importante no es técnica sino ética y cultural. El caso mostró que la ciencia no es un refugio fuera de las normas sociales: el discurso público de los científicos, cuando ocupa un escenario institucional, tiene efectos. Proteger la integridad metodológica es también proteger la inclusión y la convivencia profesional. Y esa protección no se consigue solo con sanciones retroactivas; requiere construcción cultural: formación, diálogo, transparencia y, sobre todo, el reconocimiento de que validar la participación de grupos históricamente excluidos no es una concesión, sino una condición para la excelencia científica.

Concluyo, entonces, con la institucionalización de prácticas que intentan equilibrar dos valores indispensables: la libertad de explorar hipótesis incómodas y la responsabilidad de no convertir espacios de investigación en plataformas que normalicen prejuicios. En los pasillos del CERN y en muchos departamentos del mundo quedó la convicción de que la ciencia puede y debe ser rigurosa con los datos y con las consecuencias sociales de sus narrativas, porque el instrumento más delicado que tiene la ciencia es la confianza entre quienes la practican.

Capítulo 30: El rito laico de la calibración

LA GRAN CIENCIA, POR su propia naturaleza, produce presión. No sólo por las cifras astronómicas de los presupuestos o por la complejidad técnica de imanes y criogenia; la presión nace en lo cotidiano: plazos que se estrechan, comités que exigen resultados, publicaciones que condicionan carreras y una cultura de excelencia que, sin cuidado, puede transformarse en exigencia insoportable. En el CERN esa condición se fue volviendo patente: postdoctorados que vivían en rotación perpetua, técnicos con guardias de madrugada que se acumulaban en la agenda, investigadores jóvenes que competían por pocas plazas permanentes. A la sombra de logros extraordinarios se levantarían, con el tiempo, problemas humanos que exigieron respuesta institucional.

Las manifestaciones fueron múltiples y graduales. En los cafés del campus comenzaron a circular relatos de agotamiento: un postdoc que contaba noches de análisis sin ver a su pareja, una joven investigadora que describía episodios de ansiedad crónica tras rechazos repetidos, un técnico que confesaba automedicarse con ansiolíticos durante campañas intensas de toma de datos. Hubo casos clínicos que llegaron a recursos humanos: diagnósticos de burnout, episodios de depresión y, en una minoría, consultas por ideación suicida. Las cifras internas, cuando se analizaron con detalle, no eran simples anécdotas: encuestas de clima laboral arrojaron porcentajes alarmantes de personal que declaraba jornadas excesivas y falta de equilibrio entre vida personal y trabajo.

El problema no era únicamente de salud individual; era sistémico. El modelo de carrera académica —incertidumbre contractual, necesidad de producir artículos y de liderar análisis para aspirar a la siguiente posición— incentivaba ritmos inviables. La estructura de evaluación priorizaba métricas cuantitativas: papers, conferencias y liderazgo analítico; menos atención se prestaba a la mentoría, al cuidado de equipos o a la formación de la siguiente generación. Esa lógica transformó a muchos en corredores de fondo sin descanso: la excelencia técnica se pagaba con desgaste humano.

Las alarmas internas empujaron procesos de diagnóstico colectivo. Grupos de trabajo interdisciplinarios —psicólogos ocupacionales, sociólogos de la ciencia y representantes de recursos humanos— realizaron estudios cualitativos y cuantitativos que confirmaron lo evidente: había un problema de salud mental en la institución. Los relatos revelaban patrones comunes: aislamiento social, falta de redes de apoyo fuera del laboratorio, miedo a denunciar malas prácticas por temor a represalias y un sentimiento generalizado de que la carrera exigía renuncias personales considerables.

Ante esa realidad, la dirección adoptó una estrategia que combinó prevención, atención y reparación. Entre las medidas iniciales destacó el diseño e implementación de un sistema de whistleblowing dedicado no sólo a denunciar conductas de acoso o corrupción, sino pensado también como canal seguro para reportar problemas de salud ocupacional, represalias y violaciones del bienestar. Lanzado formalmente en junio de 2025, el sistema fue el resultado de consultas con sindicatos, asesores legales y organizaciones independientes especializadas en protección de denunciantes.

Los elementos centrales del sistema fueron claros y técnicos:

- Canal cifrado y accesible internacionalmente: una plataforma en línea protegida por cifrado de extremo a extremo, gestionada por una entidad externa independiente, que permitía denuncias tanto anónimas como identificadas, con opciones para adjuntar evidencia y solicitar medidas provisionales.

- Procedimiento de investigación con plazos máximos: cada denuncia debía recibir una respuesta inicial en un plazo muy corto (48 horas para casos de riesgo físico o psicológico inmediato) y procesos investigativos que no excedieran plazos razonables, con etapas y responsables documentados.

- Protección y medidas provisionales: protocolos explícitos para proteger a los denunciantes de represalias durante el proceso (reubicación temporal, cambios de turno, suspensión cautelar de sujetos investigados en funciones de supervisión), y mecanismos de confidencialidad.

- Comité de revisión independiente: un órgano multipartito con representantes legales, expertos en salud ocupacional, dos miembros externos con experiencia en investigación de denuncias y un asesor designado por empleados, que evaluaba la tramitación y la imparcialidad de las investigaciones.

- Transparencia de procesos y reporte público: informes anuales que describían estadísticas agregadas (número de denuncias, tipos, tiempos medios de resolución y medidas adoptadas), sin vulnerar el anonimato, para generar confianza institucional.

La implantación fue acompañada por una campaña de comunicación interna amplia: formación sobre uso del canal, sesiones informativas presenciales y en línea, materiales que explicaban garantías legales y testimonios que buscaban normalizar la denuncia responsable como mecanismo de cuidado colectivo. Se diseñaron además rutas de apoyo paralelo: líneas telefónicas de ayuda psicológica 24/7, acceso a consultas de psiquiatría dentro del sistema de salud del CERN y convenios con clínicas locales para atención especializada.

Al mismo tiempo, la dirección introdujo políticas para atacar causas estructurales de la toxicidad. Entre ellas:

- Revisión de criterios de evaluación y promoción: incluir en los procesos de evaluación méritos no solo técnicos, sino también evidencia de mentoría, formación de jóvenes, contribuciones a la cultura institucional y comportamiento ético. Se redefinieron indicadores de éxito para que no dependieran exclusivamente de publicaciones o de leadership en análisis.

- Límites operativos y rotación de guardias: establecer límites máximos de horas de guardia continuadas para personal operativo, rotaciones obligatorias que evitaran sobrecargar a una misma persona y compensaciones claras por turnos extraordinarios.

- Permisos parentales y conciliación: políticas más generosas de permisos parentales y flexibilidad para quienes tuvieran responsabilidades familiares, junto a facilidades para trabajo remoto en actividades no operativas.

- Programas de mentoría y formación en liderazgo: cursos obligatorios para líderes de equipo sobre la detección de burnout, gestión de equipos y resolución de conflictos, y la creación de redes de mentoría formal para jóvenes investigadores.

- Permisos sabáticos y descansos remunerados: esquemas que permitieran a investigadores con trayectoria acceder a periodos sabáticos para recomposición personal sin penalización en carrera.

Las medidas estructurales requirieron negociación y ajuste. Hubo resistencias naturales: algunos jefes de proyecto argumentaron que límites estrictos en horas y rotaciones pondrían en riesgo calendarios de pruebas; otros señalaron que redefinir criterios de evaluación podía introducir subjetividades. La dirección abordó esas resistencias con pilotajes: pruebas en departamentos específicos durante seis meses para evaluar impacto operativo; ajustes sobre la marcha y diálogo constante con comités de proyecto. Los resultados iniciales de los pilotos fueron positivos: disminución de incidentes reportados por agotamiento, mayor retención de técnicos críticos y mejor percepción de apoyo entre personal temporal.

El sistema de whistleblowing, en particular, mostró resultados medibles. En los primeros seis meses tras su lanzamiento, las denuncias aumentaron —un indicador conocido en estas implementaciones que, paradójicamente, representa confianza en el canal—. Aumentaron las preocupaciones reportadas sobre condiciones laborales y acoso leve, y también se detectaron varios casos de mala conducta que, gracias a medidas provisionales, fueron atajados antes de escalar. La tasa de denuncias anónimas fue alta inicialmente, lo que motivó campañas adicionales para construir confianza y explicar que identificarse facilita medidas de protección específicas. Con el tiempo, la proporción de denuncias identificadas creció, señal de que el canal inspiraba seguridad.

Hubo, no obstante, problemas y retos. Algunos denunciantes sintieron temor a represalias implícitas a pesar de las protecciones, y en unos pocos casos se produjo lo contrario a lo esperado: personas denunciadas informalmente por rivalidades utilizaron el canal como arma para minar carreras ajenas. La gestión de falsas denuncias exige equilibrio entre protección del denunciado y del denunciador: el comité independiente implementó filtros, revisiones preliminares y sanciones cuando se probó la mala fe. Se creó un marco sancionador proporcional para abusos del canal, reforzando la idea de que el sistema no es un arma política sino un instrumento de justicia y cuidado.

Otro punto crítico fue el cuidado de quienes denunciaban. La dirección estrechó la colaboración con servicios de salud mental para ofrecer acompañamiento psicológico a denunciantes durante el proceso y, cuando fue necesario, apoyo para reinserciones laborales. Se incorporaron, además, medidas de reparación —no siempre punitivas— como mediaciones, reubicaciones y cursos de formación en casos de mal manejo de liderazgo. La idea fue evitar que los procesos de denuncia dejaran a las personas en un limbo sin apoyo.

Los resultados en bienestar fueron graduales. A los doce meses se registraron indicadores positivos: reducción de reports de burnout en ciertas unidades piloto, aumento del uso de servicios de salud mental (lo que indica mayor búsqueda de ayuda y menor ocultamiento) y mejora en encuestas de clima laboral. Sin embargo, la dirección reconoció que las transformaciones culturales llevan años: cambiar prácticas de evaluación, hábitos de trabajo y normas tácitas exige perseverancia. Por ello se comprometió a mantener recursos, formación y evaluación anual de medidas.

No faltaron voces críticas. Algunos investigadores veteranos denunciaron una sobrerregulación que, en su visión, podía amordazar intensidad y creatividad. Otros cuestionaron la efectividad del whistleblowing al señalar que el verdadero cambio depende de transformar incentivos académicos externos (agencias de financiación, revistas, comités de selección), factores sobre los cuales la institución tiene poder limitado. En respuesta, el CERN inició diálogos con financiadores y revistas para promover criterios de reconocimiento que valoren mentoría y conducta ética, buscando influir en el ecosistema más amplio.

La Gran Ciencia no es sostenible si no cuida a quienes la hacen posible. Los imanes, las criogenias y las máquinas colosales necesitan menos heroísmo individual y más procesos humanos saludables. El lanzamiento del sistema de whistleblowing en junio de 2025, la ampliación de servicios de salud mental y las reformas en evaluación no son panaceas, pero son pasos concretos hacia una cultura que reconoce que la excelencia científica y el bienestar personal no son opuestos sino condiciones complementarias. En los pasillos del CERN hoy se habla con más naturalidad de pedir ayuda, de tomar descansos y de valorar la mentoría tanto como las publicaciones. Esa normalización es, quizás, la señal más clara de que la Gran Ciencia empieza a aprender a sostenerse sin sacrificar a quienes la sostienen.

Capítulo 31: Cazadores de fantasmas subatómicos

EL CAMPUS DEL CERN, con sus paseos iluminados y bloques de apartamentos de ventanas discretas, funciona como un microcosmos humano en el que conviven mundos: científicos que viajan por temporadas, técnicos con contratos largos, familias que se instalan y transitan por años y jóvenes que llegan con maletas pequeñas y expectativas enormes. En ese territorio de tránsito y permanencia, la vida afectiva no es asunto periférico: es parte central de la sociología del lugar. Los turnos de control, las guardias nocturnas y las campañas intensas crean ritmos que condicionan relaciones y generan patrones que, a ojos externos, a veces se leen como excentricidades; para quienes los viven constituyen modos de adaptación.

La metáfora cuántica que tantos usan para describir afectos en el campus no es simple pose intelectual: en cafeterías y seminarios circula la imagen de estados superpuestos, entrelazamiento y colapso de función de onda para nombrar comportamientos íntimos que desafían categorías convencionales. Muchos residentes sonríen cuando hablan de ser "estados superpuestos" —estar con alguien aquí y con otra persona en otra ciudad— y la metáfora funciona porque encapsula la ambigüedad: relaciones temporales, vínculos múltiples y elecciones que a menudo dependen del calendario experimental. El lenguaje cuántico no sustituye la emoción; la nombra con ironía y hace aceptable lo flexible en contextos donde lo temporal es regla.

Poliamor, relaciones abiertas, parejas de rotación: estas prácticas aparecen con notable frecuencia en relatos orales. El poliamor en el CERN adopta formas diversas. Para algunos es elección explícita: acuerdos pactados, reglas sobre comunicación y límites claros para evitar confusiones en el trabajo diario. Para otros, es resultado de la temporalidad: la cercanía intensa durante campañas de datos genera afinidades que, con el tiempo, se transforman en acuerdos no tradicionales. Hay tríadas que funcionan con un reglamento tácito —compartición de tiempos afectivos, comunicación explícita sobre salidas y encuentros—; hay relaciones que nacen durante un experimento y se extinguen cuando la campaña termina; hay parejas que aceptan la práctica como un modo práctico de sostener vínculos en medio del ir y venir profesional.

Los relatos personales son variados. Una postdoc brasileña cuenta cómo vive en un piso con dos colegas y cómo han pactado reglas para no mezclar financiación de proyectos con la vida íntima: calendarios de cocina, rotación de tareas domésticas y un acuerdo explícito para no influir en evaluaciones académicas. Para ellos, la decisión de vivir a tres resultó de una suma de ventajas: apoyo logístico, cuidado mutuo en turnos intensos y la posibilidad de mantener relaciones afectivas sin que la ausencia de un miembro supusiera un vacío insuperable. Otro caso: un ingeniero que vive con su pareja y una investigadora visitante en un arreglo consensuado para compartir guardias; su testimonio mezcla pragmatismo y cariño: la rotación de turnos exigía disponibilidad constante y aquel acuerdo alivió cargas prácticas y afectivas.

Pero esa lógica de flexibilidad no está exenta de costos. Los celos aparecen con la misma naturalidad que la camaradería, y las rupturas generan consecuencias prácticas que no se disuelven en el plano íntimo: proyectos compartidos quedan en riesgo, equipos quedan divididos, y la convivencia en espacios reducidos se vuelve tensa. Las rupturas pueden derivar en disputas por autorías, en retiradas de propuestas conjuntas y en litigios laborales si existe manipulación de posiciones de poder. Existe, por tanto, una dimensión profesional que obliga a pensar en mecanismos para prevenir daños colaterales: acuerdos de transparencia, protocolos para la gestión de conflictos y reubicaciones administrativas cuando relaciones de poder entre supervisores y supervisados se entrelazan con vínculos personales.

El aislamiento es otro rasgo notable de la vida afectiva en el campus. La intensidad laboral —guardias nocturnas, viajes a conferencias, campañas de integración de detectores— produce una erosión del tiempo personal. Familias que se mudan con la expectativa de estabilidad descubren que las agendas científicas empujan a ausencias prolongadas: días de café que sustituyen cenas familiares, cumpleaños celebrados por videollamada, fines de semana cancelados por la llegada de una pieza crítica. Las parejas fuera del laboratorio que intentan sostener una relación a distancia se enfrentan, muchas veces, a la tensión de prioridades: la física de frontera exige disponibilidad y cuanto más joven es un investigador, más crítica es la presión por aceptar condiciones que supeditan la vida privada al proyecto.

Esa precariedad emocional tiene consecuencias clínicas: síntomas de fatiga, sueño fragmentado, sensación de pérdida de redes de apoyo y, en casos, rupturas definitivas. Para algunos, la solución fue establecer límites rígidos: no trabajar después de las 20:00 en horarios no operativos, planificar visitas familiares con larga antelación, usar canales institucionales para justificar permisos por razones personales. Para otros, la adaptación implicó encontrar redes alternativas dentro del campus: grupos de expatriados, comunidades religiosas y asociaciones culturales que ofrecen espacios de pertenencia fuera de la órbita laboral.

En respuesta a estos fenómenos, la institución ha ido desarrollando políticas explícitas. Existe hoy una normativa sobre conflicto de interés y relaciones de poder: prohibiciones explícitas de relaciones amorosas entre supervisores directos y evaluados, obligación de declarar vínculos personales cuando se participa en comités de selección y, cuando la relación existe, medidas para reubicar responsabilidades administrativas a fin de evitar abusos.

Esas políticas buscan proteger la integridad profesional y evitar que decisiones académicas dependan de la intimidad. No eliminan las relaciones personales, pero procuran reducir los efectos perversos de jerarquías afectivas.

Más allá de las normas, la gestión del día a día en torno a relaciones íntimas exige flexibilidad humana. Se han establecido mecanismos informales de reubicación: si una pareja se rompe y el proyecto de ambos queda comprometido, el laboratorio facilita, cuando es posible, la reubicación a otras tareas o la mediación entre equipos. Existen también contratos de confidencialidad y mediación profesional para conflictos domésticos que trascienden a lo laboral. Estas prácticas combinan criterios éticos con pragmatismo: evitar que lo íntimo se vuelva cancha de conflictos académicos es condición para la armonía operativa.

La discusión ética aparece con frecuencia en seminarios institucionales: ¿cómo proteger la libertad afectiva de los individuos en un entorno profesional sin permitir que relaciones de poder deriven en abuso? La respuesta institucional ha tomado la forma de procedimientos que priorizan la autonomía individual pero con salvaguardas: formación para líderes sobre la detección de signos de coerción y abuso, líneas de mediación confidenciales, y la posibilidad de ajustes contractuales para proteger a la parte más vulnerable en relaciones con diferencia de poder. Se trata de una cultura preventiva que combina educación y protocolos claros.

Existen entonces historias de convivencia positiva y otras de fricción que terminan en cambios administrativos. La comunidad ha aprendido a negociar acuerdos explícitos: cláusulas en convenios que prevén la recusa de miembros en decisiones que afecten a personas con quienes mantienen relaciones íntimas; cláusulas de redistribución de tareas cuando la ruptura produce tensión operativa; y, en casos extremos, la intervención de un comité de ética que evalúa el impacto en el equipo. Estas medidas, a veces incómodas, se aplican con la intención de preservar la productividad colectiva sin invadir la vida privada.

También han surgido espacios de apoyo informales: cenas multiculturales, grupos de parejas, actividades deportivas y talleres sobre comunicación en relaciones temporales. Esas iniciativas no vienen de arriba sino de abajo: grupos de residentes que se organizan para compartir experiencias, ofrecer apoyo en guardias y construir redes de cuidado mutuo. En esos foros se comparten recetas para convivir: reglas para uso de espacios comunes, calendarios de guardias, acuerdos sobre visitas de parejas y protocolos para anunciar rupturas sin convertirlas en espectáculo.

La existencia de comunidades alternativas funciona como amortiguador. Asociaciones de expatriados facilitan la inserción en la vida local; redes de idiomas ofrecen cursos y actividades culturales que permiten amistades fuera del laboratorio; grupos deportivos y corales crean espacios de desconexión. Todo ello reduce el riesgo de que la vida afectiva quede atrapada únicamente en el microcosmos laboral. La diversidad cultural del campus —gente de más de 110 nacionalidades— genera, a la vez, desafíos y oportunidades: prácticas afectivas distintas, expectativas diversas sobre privacidad y arreglos que requieren tolerancia y aprendizaje intercultural.

No faltan, finalmente, dilemas concretos y casos-límite que han exigido decisiones institucionales. Relaciones entre supervisor y estudiante han requerido transferencia de supervisión para preservar la equidad. Parejas que compartían roles críticos en proyectos operativos han sido reubicadas temporalmente para evitar dependencia mutua que perjudicara la seguridad de la máquina. En ocasiones, la ruptura de una relación ha provocado filtraciones o conflictos de propiedad intelectual que demandaron intervención legal. Esas situaciones han creado jurisprudencia interna que ahora sirve de guía: transparencia, mediación y un insistente principio de priorizar la integridad científica.

La inmensa mayoría de quienes habitan el campus no buscan provocar problemas; intentan, simplemente, amar y sostenerse en un entorno que exige mucho. La vida afectiva en el CERN —con sus poli-relaciones, con su aislamiento, con sus acuerdos y sus conflictos— es la prueba de que la Gran Ciencia no se reduce a datos y máquinas. Es una empresa humana donde la organización del afecto es tan importante como la organización de tiempos de máquina. Reconocer esa dimensión no es paternalismo; es condición para diseñar instituciones que sostengan la excelencia sin sacrificar la dignidad y la vida íntima de quienes la hacen posible.

Capítulo 32: La partícula maldita y los mitos de la creación

EL PROBLEMA DEL DINERO y de la reputación no empezó en ninguna mesa del CERN; llegó por oleadas que otras instituciones ya habían sufrido y que la comunidad científica miraba con creciente inquietud. Las revelaciones públicas sobre filantropías vinculadas a comportamientos delictivos o a corporaciones con historial cuestionable crearon una alerta: ¿qué ocurre cuando la financiación privada que sostiene investigaciones o becas procede de orígenes moralmente ambiguos? La pregunta dejó de ser abstracta cuando varios centros de investigación en el mundo se vieron forzados a devolver donaciones, retirar placas con nombres y, sobre todo, enfrentar un descrédito público difícil de reparar. El laboratorio de Meyrin tuvo que aprender esa lección sin complacencias: la financiación es necesaria, pero no cualquier origen es compatible con la legitimidad institucional.

Los antecedentes internacionales actuaron como faro preventivo. El caso más emblemático, y dolorosamente clarificador, fue el del multimillonario que usó donaciones académicas para blanquear una reputación manchada por delitos; una vez revelado el pasado, universidades enteras vieron cómo su credibilidad se erosionaba y cómo las dependencias financieras se volvían trampas reputacionales. Esos episodios mostraron que la filantropía puede ser también instrumento de legitimación pública para individuos y entidades que han cometido abusos, y que una institución que acepta fondos sin controles corre el riesgo de convertirse en cómplice involuntario de la rehabilitación pública de prácticas inaceptables.

Ante esa realidad, el CERN no improvisó. La dirección entendió que necesitaba crear una arquitectura de diligencia ética antes de dejar la puerta abierta a grandes aportes privados. El objetivo era claro: permitir el mecenazgo legítimo —donaciones que apoyaran becas, infraestructura didáctica o programas de divulgación— sin poner en riesgo la integridad científica ni la confianza pública. Para lograrlo se diseñó un procedimiento de due diligence con varios niveles y actores independientes.

El primer paso fue la auditoría ética preventiva. A partir de 2019 se estableció un comité externo de evaluación de donaciones de alto monto, integrado por auditores financieros, especialistas en cumplimiento legal, expertos en derechos humanos y representantes académicos independientes. Ningún aporte superior a un umbral definido —decidido colegiadamente y actualizado periódicamente— podía aprobarse sin el dictamen favorable de ese comité. La auditoría no era un simple chequeo fiscal: implicaba la trazabilidad de fondos, revisión de estructuras societarias y fundacionales, búsqueda de antecedentes penales o regulatorios, análisis de vínculos con sectores sancionados y una evaluación de impacto reputacional.

El proceso operativo tenía fases nítidas. Primero, una pre-evaluación elemental: verificar si el donante figura en listas de sanciones internacionales, antecedentes judiciales o controversias públicas significativas. Si no existían banderas rojas, se procedía a una diligencia ampliada: solicitar información sobre origen de los fondos, estructura de patrimonio, actividad empresarial y beneficiarios finales. Se consultaban registros públicos, investigaciones periodísticas y bases de datos especializadas en lavado de activos. La auditoría se cerraba con una recomendación categorizada: aprobación plena, aprobación condicionada, petición de reestructuración del aporte (por ejemplo, donación en especie a través de terceros) o rechazo.

Las cláusulas contractuales fueron la segunda palanca. El CERN no aceptó más "cheques en blanco". Cualquier donación de relevancia venía acompañada de contratos con cláusulas no negociables: prohibición de intervención en la línea científica, mandato de publicación de resultados, derechos de auditoría por parte de la institución, posibilidad de reversión de la donación (clawback) en caso de revelaciones posteriores y cláusulas de terminación automática si se detectaba que la fuente del dinero estaba vinculada a actividades ilegales o contrarias a los estatutos éticos del CERN. Esas cláusulas incluían además la prohibición de patrocinios que supusieran exclusividad comercial o acuerdos de confidencialidad que sacrificaran la divulgación científica.

La transparencia pública fue el tercer eje. Donaciones por encima de umbrales definidos debían figurar en un registro público, con resumen ejecutivo sobre la evaluación realizada y las condiciones contractuales, respetando, eso sí, la protección de datos personales cuando fuera aplicable. La idea fue someter a escrutinio público las decisiones, porque la legitimidad se gana mostrando procesos y criterios. El informe anual de financiación del laboratorio se convirtió en documento de referencia: listados, desglose por destino y la versión redactada del dictamen ético para aportes excepcionales.

Todo esto no eliminó dilemas. Hubo debates internos largos sobre casos límite: fondos provenientes de filántropos vinculados a industrias controversiales —armamento, vigilancia masiva, hidrocarburos— plantearon preguntas difíciles. ¿Rechazar una donación que podría financiar becas a estudiantes de países con poca inversión científica es éticamente obligatorio si la fuente es cuestionada? ¿O se trata de privar a potenciales investigadores de oportunidades? En comités y pasillos se discutieron argumentos contrapuestos. Los defensores de aceptar fondos condicionados insistían en que el dinero podía salvar carreras; los críticos, en que aceptar esos fondos normaliza comportamientos y da cobertura reputacional a actores problemáticos.

Ante esos dilemas, la política del CERN fue matizada. No todas las donaciones de sectores controvertidos fueron rechazadas de plano; se establecieron condiciones estrictas: financiación dirigida a programas no estratégicos para la entidad controversial (por ejemplo, becas para estudiantes de países de bajos recursos, fondos para divulgación pública sin uso comercial) y la exigencia de que el donante no tuviera injerencia en la selección de beneficiarios ni en la línea de investigación. Además, se prohibieron acuerdos que implicaran nombres en edificios o institutos cuando el origen del dinero fuera susceptible de reputación cuestionable; la lógica fue evitar la naturalización pública del mecenazgo oscuro.

La integración del whistleblowing con la fiscalización del mecenazgo fue otro avance. El canal protegido de denuncias se habilitó para recibir alertas sobre presiones indebidas relacionadas con donaciones, intentos de influencia en comités científicos o solicitudes de confidencialidad inusuales. Si un académico detectaba que un donante intentaba interferir en una evaluación o exigir exclusividad, el canal permitía reportarlo con seguridad, y el comité de ética disponía de prioridad de acción. Ese mecanismo permitió detectar prácticas abusivas incipientes y cortar dinámicas de influencia antes de que se arraigaran.

Aun con estos mecanismos, el mecenazgo oscuro siguió generando debates morales. Hubo casos donde la institución rechazó donaciones por razones éticas que, sin embargo, ocasionaron críticas desde sectores que defendían la autonomía científica y la necesidad de recursos. Otros rechazados encontraron fácil sustitución en entidades privadas menos escrutadas. La conclusión fue amarga: las reglas no eliminan la presión financiera, solo la orientan; y la ética del financiamiento requiere un marco colectivo, que trascienda una sola institución.

Un ofrecimiento sustancioso llegó en un momento de necesidad presupuestaria: un fondo privado proponía financiar la digitalización de archivos y un centro educativo, a cambio de nombrar el centro con el apellido del donante y de la entrega de exclusividad publicitaria durante diez años. El comité de due diligence encontró vínculos entre el donante y prácticas empresariales cuestionables. Tras largos debates y la movilización de voces internas, la institución rechazó la oferta y prefirió financiar el proyecto mediante aportes diversificados y campañas de crowdfunding académico. El coste económico fue real; la ganancia, la protección reputacional y la coherencia institucional.

En balance, la experiencia dejó varias lecciones claras: la diligencia ética debe ser integral —financiera, jurídica y reputacional—; la transparencia pública es esencial para sostener legitimidad; los contratos deben proteger la autonomía científica; y la diversificación de fuentes minimiza la vulnerabilidad. Se aprendió, además, que no existe solución puramente técnica: aceptar o rechazar donaciones implica juicio moral, cultura institucional y voluntad política.

Una reunión del Comité de Ética: mesas de madera, pantallas con declaraciones públicas, buzones de denuncias y, sobre la pared, la placa con los principios fundacionales del CERN. Aquella imagen resume la tensión permanente: una institución científica que necesita recursos pero que, en su búsqueda, debe preservar algo más frágil aún que la financiación: la confianza pública. La gestión del mecenazgo no es mera contabilidad; es ejercicio continuo de cuidado ético sobre la ciencia y su lugar en la sociedad.

Capítulo 33: El ruido, los datos y la señal

EN 2004, UNA ESCULTURA de bronce fue depositada en la plaza entre los edificios 39 y 40 del campus. Medía cerca de dos metros, mostraba a una figura danzante con múltiples brazos en actitud de destrucción y creación, y su presencia transformó de inmediato el paisaje: una pieza exótica en medio de fachadas de hormigón y vitrales, una forma que rompía la línea sobria de oficinas y talleres. El donante —el gobierno de la India— la presentó con ceremonias diplomáticas y palabras de amistad; los políticos locales sonrieron para las cámaras y los técnicos del laboratorio se acercaron a tocar la base fría del pedestal. La estatua era la Nataraja, la forma de Shiva como señor de la danza, y desde el primer momento ocupó el lugar que la ciudad le concedió: a la vez icono invitado y algo inevitable que habría de interpelar a quienes pasaran por allí.

La imagen impresiona por una estética compleja: Shiva aparece bailando sobre un demonio simbólico que yace bajo su pie, un aro de fuego lo circunda y en la mano sostiene instrumentos que mezclan castigo, gracia y música. Los rostros que pasan por la plaza la miran con intercambio de miradas distintas según la hora y la procedencia. Para un técnico que sale de turno a las seis de la mañana, la figura es solidez y materia; para una estudiante de intercambio que llega a primera vista, es misterio y promesa; para un visitante ocasional, reluce como un motivo exótico. Los que conocen la iconografía saben que la oración de Shiva condensa ciclos: creación, conservación, destrucción, ilusión y liberación. No es únicamente una escultura religiosa: es un gesto simbólico que contiene mitos, filosofía y ritmos cósmicos.

Al pie de la figura se colocó una placa con un texto que buscaba facilitar lecturas abiertas sin homogeneizarlas. Allí figuraba una cita de Fritjof Capra, autor cuya obra ha enlazado analogías entre la física moderna y sabidurías orientales: no para equiparar ciencia y religión, aclaraba el texto, sino para señalar que ambas tradiciones han intentado, con lenguajes distintos, responder a preguntas semejantes. Junto a la cita se ofrecía una breve explicación: Shiva como metáfora de procesos naturales —collisiones, transiciones, simetrías rotas— sin pretender identidades fáciles entre mitología y la práctica científica. Fue un gesto de pedagogía deliberada: dotar a la pieza de un marco que invitara a la reflexión en lugar de convocar dogmas.

Para muchos científicos, la metáfora fue bienvenida. Algunos veían en la danza de Shiva una forma elogiosa de la actividad que allí se desarrollaba: la física de partículas como coreografía de fuerzas, el detector como escenario donde se manifiestan y desaparecen objetos, la investigación como ciclo de creación y destrucción de hipótesis. Un físico mayor, que había sido contratado en los años sesenta, colocaba flores de vez en cuando en la base y, con la reverencia de quien guarda rituales, decía a los jóvenes: "No es adoración, es un recordatorio: trabajamos con fuerzas que transforman, no con juguetes". Para esos observadores la estatua no sustituía al método; lo recordaba: la práctica científica se inscribe en un universo de preguntas que milenios han tratado de nombrar en diferentes idiomas.

Pero no todos vieron la estatua con la misma ternura. Para algunos sectores religiosos de la región la instalación de una deidad hindú en un centro europeo y la lectura simbólica laica resultaron extrañas, y, en ciertos círculos conservadores, provocaron críticas: ¿por qué una figura religiosa en un campus que se define por el laicismo del método? Las discusiones, sin embargo, se resolvieron en gran parte por la claridad institucional: la pieza no ocupaba un lugar de culto oficial en las instalaciones, no imponía prácticas religiosas y su presencia respondía a un gesto diplomático y a un símbolo cultural donado por un Estado. La administración aclaró que la estatua era un regalo cultural y que su interpretación quedaba abierta, apelando a la libertad de lectura y a la pluralidad del campus.

Más compleja fue la recepción de públicos ajenos a esos matices. La estatua fue objeto de lecturas conspirativas: para comunidades esotéricas en Internet la presencia de Shiva en un laboratorio subterráneo se convirtió en prueba de que el CERN formaba parte de rituales ocultos o de proyectos secretos que conectaban tecnología y espiritualidad. En foros, la imagen fue reciclada como evidencia de pactos arcanos: se inventaron relatos donde la danza de Shiva actuaba como símbolo de un "nuevo orden" que la ciencia internacional estaría implementando. Esas interpretaciones no obedecían a un análisis serio, pero circularon con fuerza suficiente como para obligar al laboratorio a responder públicamente: a explicar el origen del don, la naturaleza cultural del regalo y el rechazo institucional a cualquier lectura que sugiriera prácticas no científicas.

La respuesta institucional fue doble: documentación y pedagogía. Se colocó en un panel cercano un breve texto explicativo sobre la historia de la estatua, sobre el contexto de la donación y sobre la intención de no convertir la pieza en un elemento de culto institucional. Además se produjeron folletos para visitantes escolares en los que se ofrecía una lectura comparativa: la danza de Shiva y la danza de las partículas, la mitología que trata ciclos y la ciencia que mide procesos. La pedagogía no pretendía diluir el simbolismo religioso ni descontextualizar la pieza; buscaba facilitar conversaciones que incluyeran la historia del arte, la antropología de la religión y la epistemología de la ciencia.

Ese gesto pedagógico tuvo efectos concretos. Profesores e historiadores de la ciencia organizaron jornadas donde se discutían, con estudiantes de secundaria y público general, las correspondencias simbólicas entre cosmologías antiguas y modelos contemporáneos. Fue sorprendente y alentador observar cuánta curiosidad despertaba la estatua: no tanto por su exotismo como por su capacidad de generar preguntas complejas. Los debates no terminaron en conclusiones felices sino en más preguntas: ¿qué significa "explicar" en física y en mitología? ¿qué límites hay entre analogía útil y sincretismo simplista? La pieza funcionó, así, como catalizador pedagógico.

Pero la estatua no sólo alimentó debates eruditos; se convirtió en un objeto de pequeños rituales cotidianos. Algunos trabajadores dejaron flores o notas en fechas particulares: aniversarios de fallecidos, éxitos de equipos o simplemente como gesto de paso. Estos actos no formaban parte de un culto organizado sino de expresiones humanas mínimas: recuerdos, homenajes, guiños. Para el personal local esas ofrendas fueron acciones de cariño y reparación en un lugar donde la vida a menudo exige sacrificios personales. Los jardineros, que por las mañanas pasan junto a la pieza, la encontraron útil como punto de referencia para encuentros, como lugar donde devolver algo simbólico a la comunidad.

También aparecieron prácticas artísticas que tomaron la estatua como punto de partida. Artistas locales y estudiantes de museología propusieron intervenciones efímeras —instalaciones de luz, performances de sonido— que dialogaron con la pieza sin tocarla ni profanarla. Algunas de esas acciones provocaron tensiones: hubo espectadores que las consideraron irreverentes y otros que las vieron como enriquecedoras. Desde el laboratorio se abrió un espacio para autorizaciones artísticas ligadas a proyectos educativos, un modo de integrar la estatua en la vida cultural sin perder el control institucional.

No faltaron episodios de instrumentalización política. Grupos externos intentaron usar la estatua como prueba de supuestas conspiraciones o de la presencia de "cultos" entre las élites tecnocráticas. La mezcla de iconografía religiosa y tecnología avanzó demasiadas veces como coartada en discursos polémicos. La dirección del CERN, una vez más, respondió con documentación y con llamadas a la transparencia: mostrar fichas de archivo sobre la donación, facilitar entrevistas con los curadores y, cuando fue necesario, denunciar intentos de manipulación de la información. La estrategia fue firme: no permitir que una obra cultural se convierta en ariete ideológico.

El tiempo consolidó una imagen compleja pero estable. Para la mayoría de quienes trabajan allí, la estatua de Nataraja es ahora uno de los puntos de referencia del campus: un objeto que interroga, que educa y que, a veces, conmueve. Para visitantes y turistas se ha vuelto motivo fotográfico, pero las visitas guiadas incorporan siempre explicaciones que evitan lecturas simplistas. En los manuales institucionales la pieza aparece como ejemplo de los regalos culturales que acompañan la diplomacia científica y como recordatorio de la responsabilidad de catalogar, contextualizar y explicar donaciones que llevan consigo significados profundos.

Al atardecer, cuando los últimos técnicos salen y los focos iluminan la plaza, un grupo de estudiantes se sienta en los escalones junto a la estatua. Hablan de un artículo, de un problema de calibración y, al mismo tiempo, miran la figura que baila en bronce bajo la luz tibia. Uno de ellos, sin solemnidad, dice que la danza de Shiva le recuerda que la naturaleza tiene ritmos que no dominamos del todo. Otro, con sonrisa, replica que quizás la ciencia hace exactamente eso: bailar con lo que no entendemos. La imagen resume la función más valiosa de la estatua en el campus: no imponer respuestas, sino convocar preguntas; no ser símbolo de una única verdad, sino espejo plural donde la técnica y la poética pueden encontrarse y conversar.

Capítulo 34: La invención de la telaraña: El nacimiento de la World Wide Web

LA IMAGEN APARECIÓ en la noche como en un sueño mal editado: un metraje tembloroso, tomado desde una ventana con vista a la plaza donde se alza la estatua de Shiva. Duraba poco más de dos minutos pero, en su brevedad, condensó la capacidad de la era digital para transformar lo banal en mito. En el video se veían figuras encapuchadas, una mujer vestida de blanco, un gesto teatral que simulaba un apuñalamiento y, como fondo, la estatua iluminada. El audio —crudo, con respiraciones, risas contenidas y la voz de alguien que grababa en fuga— añadía verosimilitud. La pieza fue publicada en una cuenta anónima de redes y, en cuestión de horas, ya circulaba por foros, canales de mensajería y blogs. Empezó a correr con la voracidad de lo que puede alimentar tanto la curiosidad como la paranoia.

La reacción pública fue inmediata y polarizada. Para algunos, el video era una broma pesada: una performance callejera filmada sin permiso que había sido sacada de contexto y amplificada por curiosidad y ganas de sensacionalismo. Para otros, la pieza era prueba —o al menos pista— de una actividad ritual oculta en el CERN, una confirmación visual de teorías conspirativas que durante años habían rodeado al laboratorio. Entre ambos extremos surgió la preocupación legítima: ¿había ocurrido una agresión real? ¿estaba en peligro alguien? ¿cómo era posible que figuras encapuchadas se movieran con tal libertad en un campus supuestamente vigilado?

La dirección del CERN no tardó en reaccionar. Las primeras horas fueron de contención operativa: asegurar la integridad de las personas, identificar a la mujer del video y confirmar si había habido un delito real. La jefatura de seguridad activó el protocolo de investigación inmediata: revisión de grabaciones de cámaras, cotejo de accesos mediante badges, entrevistas con personal y visitantes presentes en el horario indicado y verificación de registros de entrada y salida. La prioridad era doble: proteger a cualquier persona que pudiera haber sido víctima y evitar que la pieza alimentara pánico público injustificado.

El primer hallazgo técnico fue, a la vez, tranquilizador y preocupante. Las cámaras fijas instaladas en la plaza registraban actividad en la franja horaria; sin embargo, la resolución y los ángulos no permitían visualizar con nitidez los rostros de las figuras encapuchadas. Los logs de accesos mostraban que varias personas acreditadas habían entrado y salido de la zona por la noche en los días previos —un hecho no del todo inusual: el campus, por su naturaleza internacional, acoge visitas nocturnas autorizadas en circunstancias múltiples—. La coincidencia de datos no bastó para concluir nada definitivo: se requerían entrevistas y análisis complementarios.

La investigación combinó técnicas digitales y trabajo de campo. Equipos de seguridad y jurídicos rastrearon la procedencia del archivo: IPs, cuentas que lo alojaron, metadatos embebidos en el video y reenvíos. En paralelo se interrogaron a empleados y a visitantes que habían estado en la plaza en esa noche. Surgieron declaraciones diversas: algunos recordaban ruido, risas o una acción de teatro —una performance privada, dijeron—; otros no habían notado nada. La fragmentación de testimonios no resolvía el enigma; lo complejizaba. ¿Se trataba de una broma consensuada por un grupo con acreditación? ¿era una performance nocturna de visitantes no autorizados que exigía sanciones? ¿o era la puesta en escena de un acto con intención provocadora cuya viralización se había salido de control?

La ambigüedad se convirtió en problema institucional. Si las personas que aparecen en el video eran científicos visitantes con acreditación, el laboratorio debía equilibrar dos necesidades contrapuestas: aplicar normas disciplinarias por violación de reglas de conducta mientras garantizaba procesos justos y respetaba derechos laborales y académicos. La reputación pública exigía acciones claras; la justicia interna exigía procedimientos formales. El dilema no era menor: la sanción precipitada podía arruinar carreras; la inacción podía dar la impresión de tolerancia hacia actos irresponsables.

Finalmente, tras cruzar registros y testimonios y tras varias horas de peritaje digital, la investigación identificó a varios de los participantes: un grupo de visitantes científicos que estaban en el campus con acreditaciones temporales. No había, según las comprobaciones, fuerzas externas ni intenciones de daño físico real: la mujer vestida de blanco era voluntaria en la escena, los cuchillos eran de utilería y la escena fue planeada como performance satírica para criticar —según dijeron los autores en entrevistas posteriores— las teorías conspirativas que rodeaban al CERN. No obstante, la ejecución había vulnerado normas claras: acceso fuera de horario, montaje sin permisos, filmación en espacio público sin autorización y la exposición de una figura —la estatua de Shiva— como telón de fondo en un acto que, visto fuera del contexto, podía (y de hecho lo hizo) provocar alarma pública.

La conclusión técnica no calmó del todo las aguas. La viralidad del video ya había creado efectos colaterales: mensajes de odio, llamadas de protesta, memes que deformaban la escena y, en algunos casos, amenazas contra personal del laboratorio acusados —injustamente— de connivencia con prácticas ocultas. La dirección del CERN, con rapidez ahora mayor, comunicó públicamente los resultados de la investigación, pidió disculpas a quienes se hubieran sentido ofendidos y anunció sanciones administrativas contra los visitantes responsables. Las sanciones incluyeron la revocación de acreditaciones temporales, la prohibición de nuevas visitas y la comunicación a las instituciones de procedencia para que adoptaran medidas disciplinarias en sus entornos. Además, se ofreció soporte a la mujer que había sido representada en la escena, porque, aunque participante, había sufrido exposición mediática no consentida.

La respuesta institucional fue prudente y medida: sanciones, sí; pero también medidas para reparar la imagen y prevenir repeticiones. La administración reconoció fallos en la gestión de accesos nocturnos y en la supervisión de eventos no oficiales en el campus. Se reforzaron reglas: permisos de rodaje explícitos, revisión previa de actividades nocturnas, aplicación estricta de zonas vedadas y criterios más rigurosos para autorizar actuaciones en plazas públicas del CERN. Además, se implementó una política de comunicación proactiva: ante filtraciones o materiales virales, la institución respondería con información verificada, colaboración con plataformas digitales para controlar la difusión de material sensible y recursos de apoyo a quienes se vieran expuestos.

El episodio tuvo consecuencias personales y profesionales para algunos de los implicados. La revocación de acreditaciones implicó la interrupción de estancias científicas y la pérdida de proyectos en marcha; hubo reputaciones dañadas y, en algunos casos, defensas públicas por parte de instituciones de origen de los visitantes. En el balance humano, la sanción no fue gratuita: implicó indemnizaciones de imagen y, para algunos, la necesidad de reconstruir trayectorias. El laboratorio, consciente del costo humano, ofreció asesoramiento legal y social en la medida de sus posibilidades, pero la dimensión reputacional fue irreparable para varios.

En la comunidad, reavivó preguntas sobre libertad de expresión, arte y límites en espacios científicos. ¿Era la performance un acto legítimo de crítica cultural? ¿debía la institución permitir prácticas artísticas que confrontaran teorías conspirativas usando su territorio como escenario? Los defensores del arte argumentaron que la crítica cultural tiene su lugar y que la escena, aunque imprudente, buscaba desactivar la mitología con sátira. Los defensores de la seguridad respondieron que la ironía no justifica poner en riesgo la reputación de una institución y que el contexto público no permite interpretaciones que puedan generar pánico o confusión. La discusión, legítima y necesaria, se desplazó a foros académicos y culturales: se habló de límites, de protocolos y del rol del humor en la esfera pública.

El laboratorio, por su parte, integró lecciones prácticas. Se crearon guías para el uso de espacios públicos, procedimientos ágiles para autorizar rodajes y performances con anticipo, y un proceso de mediación previa entre artistas y servicios de seguridad. El objetivo fue permitir la creatividad y el diálogo cultural sin abandonar la responsabilidad institucional. Asimismo, se fortaleció la colaboración con medios para evitar que piezas virales sin contexto se transformaran en rumores dañinos: un sistema de verificación rápida, portavoces preparados y materiales explicativos listos para su difusión.

En la era digital, la protesta o la sátira pueden convertirse en arma de daño masivo si se proyectan sin contexto. El video, concebido como una "broma pesada", se volvió una prueba de cómo la viralidad puede transformar la intención y causar consecuencias reales. La broma no fue inocua: costó acreditaciones, carreras y horas de trabajo en gestión de crisis. El laboratorio aprendió una lección no original pero necesaria: la libertad creativa y la sátira tienen valor, pero cuando se practican en espacios públicos sensibles requieren reglas claras y una ética que tome en cuenta las consecuencias.

Una imagen recogida en los informes internos: la plaza bajo la nube de la viralidad, con técnicos limpiando los restos de una noche, un letrero temporal que pide permisos para cualquier filmación y la estatua de Shiva, indiferente a la controversia, iluminada en su eterna danza. Entre los limpiadores, un guardia comenta con tono resignado: "aquí ya sabemos que lo trivial puede volverse leyenda". Y la frase resume el aprendizaje institucional: en la era de lo viral, lo que comienza como broma puede convertirse en escándalo; la prudencia y la previsión son, más que nunca, parte del oficio científico.

Capítulo 35: De las libretas a las pantallas globales

LA INVESTIGACIÓN QUE siguió al video de la "broma pesada" se desplegó con la frialdad profesional de una operación policial y la minuciosidad burocrática de una auditoría institucional. De la noche a la mañana, el departamento de seguridad del CERN se vio obligado a coordinar tareas que normalmente permanecen en la retaguardia: inspección de cámaras, cotejo de logs de acceso, peritaje digital y entrevistas formales con testigos y posibles implicados. No era solamente perseguir responsabilidades; era establecer una cadena de hechos que pudiera soportar tanto sanciones internas como, llegado el caso, procedimientos judiciales o reclamaciones administrativas.

El primer paso fue técnico y automático: la revisión de las grabaciones de circuito cerrado. Las cámaras instaladas en la plaza y en accesos perimetrales ofrecían material parcial —ángulos no siempre favorables, resolución limitada en ciertas tomas nocturnas— pero permitieron reconstruir el flujo de personas. Cruzando esas imágenes con los registros de acceso mediante badge —fechas, horarios, números de identificación— el equipo de seguridad confeccionó una lista preliminar de personas que habían transitado la zona en la ventana temporal relevante. Desde ese punto, la investigación bifurcó en dos caminos: uno físico, sobre la presencia y posible responsabilidad material; otro digital, sobre la autoría y difusión del archivo en la red.

El análisis forense digital fue decisivo. Expertos en informática pudieron trazar la ruta del archivo: cuentas que lo habían subido inicialmente, metadatos embebidos en el vídeo que permitieron identificar software de edición y, en algunos casos, dispositivos desde los que se había subido. La investigación técnica detectó pistas que no eran concluyentes por sí solas —IPs dinámicas, cuentas anónimas— pero que, al cruzarse con los logs internos y con declaraciones de algunos testigos, permitieron acotar responsabilidades. Para preservar la integridad probatoria se estableció una cadena de custodia rigurosa: copias verificadas, hash criptográfico de archivos y custodia física de dispositivos incautados voluntariamente o entregados por sus propietarios.

Las entrevistas realizadas por seguridad y por la unidad jurídica tuvieron protagonistas diversos: empleados con acceso permanente, científicos visitantes con acreditación temporal, artistas y técnicos externos, curiosos que pasaban por la plaza. Muchas de las declaraciones coincidieron en una cosa: la actuación había sido planificada, no espontánea. Varios participantes admitieron haber concebido la escena como una "performance satírica" con intención de ridiculizar teorías conspirativas, y confesaron además que no habían pedido permisos formales. Algunos alegaron que consideraban su presencia legitimada por una mezcla de permisos informales y la laxitud con la que el campus había tratado eventos menores en el pasado. La ambigüedad sobre límites y permisos fue uno de los factores que la investigación consignó como causa facilitadora.

Administrativamente, el CERN optó por un proceso disciplinario interno que siguió normas de debido proceso: notificación formal de imputaciones, derecho a defensa, intervención de juristas internos y la posibilidad de recurso. La sanción más inmediata fue la revocación de acreditaciones temporales de los visitantes implicados; se suspendieron además las estancias pendientes y se notificó la conducta a las instituciones de origen de los científicos implicados —universidades y centros de investigación— para que adoptaran medidas disciplinarias complementarias. En otros casos se aplicaron medidas internas menos severas: amonestaciones escritas, imposición de cursos de formación en conducta institucional y la obligación de participar en iniciativas de reparación simbólica, como charlas públicas sobre responsabilidad comunicacional.

El laboratorio, consciente del impacto humano y profesional de las sanciones, procuró mantener un equilibrio: no se trataba de castigar por la sola intención de escarmiento, pero sí de mostrar que actos que puedan sembrar alarma pública no quedaban impunes. Hubo apelaciones internas y consultas a arbitrajes externos: algunos de los sancionados alegaron que la medida era desproporcionada y apelaron a tribunales laborales o a comités universitarios. En algunas apelaciones la sanción se moderó; en otras se confirmó. La jurisprudencia interna se fue escribiendo con casos que obligaron a matizar criterios y a mejorar las descripciones de las faltas en los reglamentos de acceso y conducta.

La esfera pública reaccionó con intensidad fluctuante. Medios sensacionalistas explotaron la narrativa del "culto secreto" y algunos comentaristas ofrecieron lecturas conspirativas; la oficina de comunicaciones del CERN, por su parte, trabajó sin pausa para presentar la versión probada de los hechos: una performance no autorizada por visitantes acreditados, actuaciones sancionables y medidas institucionales adoptadas. La transparencia en la publicación de resultados de la investigación ayudó a desacoplar parte de la especulación: hacer públicos los dictámenes técnicos y las decisiones administrativas permitió a periodistas responsables disponer de fuentes verificadas y moderó, con el tiempo, el rumor.

Más allá de sanciones y comunicaciones, la investigación sacó a la luz fallos de procedimiento y vulnerabilidades operativas. Se comprobó que el control de accesos nocturnos necesitaba revisiones: horarios de supervisión insuficientes, procedimientos de notificación de actividades en plaza poco claros y una cultura de permisividad hacia pequeños eventos que habían funcionado históricamente pero que, en la era digital, se volvió peligrosa. La respuesta técnica fue rápida: cierre temporal de permisos nocturnos, implantación de autorización explícita para rodajes y performances, y la creación de una casuística que diferenciara entre actividades educativas, artísticas y otras más riesgosas, fijando requisitos distintos para cada tipo.

Se reforzó la seguridad física en la plaza: cámaras de mayor resolución, mejor iluminación, sensores de movimiento y un protocolo de vigilancia móvil que permitiera una presencia disuasoria sin convertir el campus en fortaleza. Además, se introdujeron procedimientos de pre-autorización: cualquier filmación en áreas públicas debía contar con un dossier que explicara intención, guion, responsables, medidas de seguridad y contactos de emergencia; para actividades nocturnas se exigían responsables con acreditación y seguros específicos. La política de permisos fue acompañada por una guía práctica para visitantes que explicitaba las consecuencias de no respetarla.

En paralelo se desplegaron medidas pedagógicas. El CERN organizó talleres sobre ética de la comunicación y responsabilidad pública, dirigidos a visitantes y a la comunidad científica en general. La idea fue cultivar una cultura en la que la conciencia sobre el impacto mediático y social de actos performativos se convierta en criterio común: la intención de hilar sátiras o críticas no exime de pensar en la repercusión y en la posibilidad de malinterpretación. Se incorporaron charlas en programas de inducción para visitantes y se exigió a los patrocinadores de estancias temporales que informaran a sus invitados sobre normas de conducta y permisos.

Las consecuencias profesionales para algunos de los implicados fueron severas y, para otros, no definitivas. Hubo quienes perdieron estancias y contratos; otros vieron su reputación afectada temporalmente hasta que sus instituciones de origen concluyeron procesos internos de revisión. El balance humano fue difícil: rehabilitación profesional para unos y pérdida de oportunidades para otros. El CERN, consciente del daño colateral, trató de ofrecer canales de apoyo y mediación, aunque reconoció la limitación de su capacidad para revertir decisiones tomadas por universidades o centros externos.

La investigación concluyó con una reflexión institucional: la viralidad en la era digital transforma actos locales en fenómenos globales con una rapidez que exige previsión y normas claras. La "broma pesada" mostró que la permisividad operativa de antaño ya no sirve; la gestión de riesgos debe integrar no solo seguridad física sino análisis reputacional, criterios de ética pública y procedimientos ágiles de intervención. El laboratorio aprendió, a partir del caso, que la convivencia entre libertad creativa y responsabilidad institucional requiere límites explícitos, formación y sanciones proporcionales.

Carteles informativos sobre permisos, cámaras nuevas en soportes limpios, una placa cercana que explica el origen de la estatua de Shiva y un banco donde, al atardecer, un técnico se sienta a leer. La normalidad ha vuelto, pero con memoria. En los pasillos se repite la misma advertencia práctica: libertad de pensamiento y creatividad no anulan deberes de cuidado; en un mundo hiperconectado, una broma puede costar mucho más que un escándalo.

Capítulo 36: El sensacionalismo y el miedo a los agujeros negros

LA IMAGEN QUE, PARA algunos, condensaba misterio y para otros simple identidad gráfica comenzó a circular en foros conspirativos con la velocidad propia de un meme: el logotipo del CERN, esos arcos y trayectorias estilizadas, fue reinterpretado por algunos como un símbolo numérico oculto que remite al 666. La lectura no surgió en un laboratorio ni en una revista académica; nació en la intersección entre pareidolia —la tendencia humana a reconocer patrones familiares en formas ambiguas— y la sed contemporánea de tramas ocultas. En pocas horas, capturas y overlays que mostraban trozos del emblema subrayando supuestas correspondencias numerológicas dieron vueltas por redes y mensajería, generando inquietud en públicos alejados de la cultura institucional.

Para entender la controversia fue necesario regresar al origen del signo. El logotipo que hoy identifica al laboratorio fue concebido en 1968 por un equipo de diseño seleccionado por la dirección del CERN con una tarea concreta: encontrar un signo legible, reproducible en papelería técnica y suficientemente evocador del trabajo del centro sin convertirse en iconografía hermética. Los bocetos que hoy reposan en los archivos muestran un proceso clásico de diseño corporativo: conceptualización gráfica, pruebas de legibilidad en distintos tamaños, adaptaciones a placas y sellos, y finalmente la adopción de una solución que representaba esquemáticamente un acelerador: arcos concéntricos y trayectorias de partículas que se cruzan en puntos, simplificación geométrica de una máquina circular. La intención —consta en la documentación— fue técnica: un símbolo que aludiera a la idea de trayectorias curvadas y colisiones, no un sigilo con carga esotérica.

Esa documentación histórica, accesible en los archivos del CERN, fue uno de los primeros recursos que la institución ofreció cuando la interpretación conspirativa comenzó a ampliarse. Los curadores de archivo digitalizaron bocetos originales, actas de reuniones del comité de selección del logotipo y cartas con instrucciones a diseñadores. La evidencia archivística era simple y clara: no había ninguna intención numerológica en el proceso. Mostrar esos documentos tuvo dos efectos: por un lado, ofreció una explicación verosímil y verificable sobre el origen gráfico; por otro, puso en evidencia un fenómeno mayor: una imagen técnica, cuando sale de su contexto, puede ser reclamada por repertorios simbólicos muy distintos.

La polémica obligó a una respuesta pública organizada. El departamento de comunicaciones del CERN lanzó una campaña doble: desmentir lecturas conspirativas mediante la publicación de archivos y, simultáneamente, promover la alfabetización visual. No se trató solo de negar la interpretación apocalíptica; fue una convicción institucional de que explicar el proceso de diseño, las decisiones gráficas y la intención funcional era parte de la pedagogía pública de la ciencia. Se produjeron materiales que mostraban el logo en distintas fases de construcción, animaciones que reconstruían cómo se generó la forma y análisis gráficos que demostraban cómo, con simples superposiciones y recortes, cualquier símbolo abstracto puede ser moldeado para sugerir números o formas reconocibles.

Los especialistas en comunicación propusieron además un ejercicio de lectura crítica: enseñar a identificar la pareidolia y a distinguirla de una prueba. Ese gesto tuvo un alcance práctico: talleres con escolares y visitas guiadas donde se explicaba cómo funciona la percepción humana, qué es la pareidolia y por qué las mentes buscan patrones que tranquilizan. El objetivo fue doble: reducir la ansiedad que producen lecturas apocalípticas y fortalecer herramientas para que el público pueda evaluar críticamente imágenes viralizadas. La oficina de relaciones públicas también distribuyó fichas que mostraban manipulación básica de imágenes y ejemplos de cómo, mediante simples recortes y énfasis selectivo, se puede construir la ilusión de sentido donde no hay intención.

No faltaron voces religiosas o grupos que ya tenían marcos interpretativos preparados. Para ciertos colectivos el logo fue nueva evidencia dentro de una narrativa mayor; para ellos, la visualización del "666" era coherente con lecturas apocalípticas que buscan símbolos contemporáneos en la vida pública. La institución respondió con respeto institucional y claridad: no negó la existencia de lecturas simbólicas diversas, pero pidió distinguir entre la libertad de interpretación privada y la atribución de intenciones a un organismo científico cuya práctica es pública y documentable. El diálogo no cerró la polémica, pero permitió abrir canales de conversación: encuentros con líderes locales, sesiones informativas y materiales que aclararon el origen no esotérico del signo.

Al mismo tiempo, mostró que un logotipo es mucho más que un emblema: es un objeto cultural situado en redes de sentido que trascienden su uso funcional. El mismo símbolo que para un físico aludía a trayectorias y aceleradores podía, para un conspiranoico, servir de ancla simbólica a narrativas de orden y secreto. Esa constatación implicó una decisión institucional: no basta explicar el origen técnico; hay que trabajar la recepción social. Por eso el CERN fortaleció programas de mediación cultural: colaboraciones con museos, diálogos públicos y formatos didácticos que situaran la iconografía técnica en narrativas más amplias sobre tecnología y sociedad.

El esfuerzo dio frutos prácticos. La disponibilidad de archivos, la transparencia sobre la génesis del logo y las explicaciones sobre diseño lograron desmontar gran parte de las interpretaciones simplistas en medios respetables. En foros marginales la lectura conspirativa persistió —las narrativas de esa naturaleza rara vez desaparecen—, pero la proporción de atención pública desplazó el foco: lo que empezó como sospecha ocupó un espacio menor frente a la evidencia documental y a la discusión educativa. En términos reputacionales, la capacidad de responder con apertura fortaleció la credibilidad institucional: mostrar procesos y decisiones internas se percibió como acto de autoridad honesta, no de censura.

Una imagen siempre será reclamable por repertorios culturales diversos. Lo que sí pone en evidencia la experiencia es una lección operativa: la gestión pública de símbolos técnicos requiere no solo reacción ante conspiraciones sino políticas proactivas de transparencia y pedagogía visual. Detrás de esa política hay una dimensión humana: reconocer la inclinación humana a encontrar señales y, al mismo tiempo, enseñar herramientas para distinguir interpretación de prueba.

La lección mayor es doble y humilde. Por un lado, la historia del logo enseña que la intención importa: los registros del diseño muestran que no hubo intención oculta. Por otro, revela que la percepción importa tanto como la intención: la gente verá en los signos lo que su repertorio cultural le permite ver. Las instituciones no pueden controlar interpretaciones privadas, pero sí pueden optar por la transparencia, por el diálogo y por la educación visual como estrategias para reducir la fuerza de lecturas infundadas. La placa con los bocetos de 1968, ahora expuesta en el archivo digital del CERN, junto a una breve explicación sobre el proceso de diseño, actúa como testigo: el símbolo nació de un problema técnico, no de un sigilo oculto; y, en un mundo donde las imágenes viajan rápido, contar esa historia es también un acto de responsabilidad pública.

Capítulo 37: Sociología de la cafetería y el pasillo

EL EFECTO MANDELA LLEGÓ a las redes con la misma cadencia que un rumor: primero como anécdota, luego como conversación y, finalmente, como acusación colectiva. La expresión nació de la sensación compartida por grupos de que recordaban un hecho histórico —la muerte de Nelson Mandela en prisión en los años ochenta— que, sin embargo, no correspondía con la documentación. De ese tropo originario se extendió un repertorio de "recuerdos" compartidos: logotipos con colores distintos, títulos de películas que nunca existieron, líneas de texto que la memoria colectiva reproducía con fervor. La mecánica social es sencilla y potente: si muchas personas dicen haber recordado algo igual, la certeza subjetiva se refuerza y se convierte en prueba anecdótica para quien quiera creer.

En el caso del CERN, el Efecto Mandela no encontró argumentos teóricos sino adaptaciones simbólicas. Algunas comunidades aseguraron recordar un logo distinto, otras afirmaron que ciertas inauguraciones tenían rituales que en los archivos no existen; otras incluso reportaron haber leído titulares sobre incidentes que, en la cronología oficial, nunca ocurrieron. Lo relevante no es la forma concreta del recuerdo erróneo —un logotipo, una placa, una intervención— sino la velocidad con que la sospecha se generaliza: la conjunción de una imaginería técnica compleja y una predisposición cultural a buscar conspiraciones produce una catástrofe interpretativa en la que se mezclan memoria, deseo y narrativa.

La psicología cognitiva aporta explicaciones plausibles y demoledoras. La memoria humana no es un archivo impermeable; es un proceso reconstructivo. Cada recuerdo se recompone en el acto de evocarlo, y ese acto puede incorporar información nueva —una charla, un meme, un titular— que se adhiere a la memoria original hasta transformarla. Además, hay factores sociales que favorecen la uniformidad de errores: la confirmación grupal (si muchos lo recuerdan así, debe ser así) y la repetición mediática (un meme que circula intensamente puede consolidar una versión compartida). En contextos cargados de emoción y asimetría técnica —como lo son los debates sobre el CERN— la propensión a aceptar narrativas que simplifican o dramatizan es mayor.

A esa explicación cognitiva se suma la estructura propia de la información digital: fragmentación, viralidad y descontextualización. Un fragmento de video, un titular sensacionalista o una imagen manipulada viajan rápido, se muerden entre sí y ofrecen una "evidencia" que se siente tangible para quien la ve por primera vez. La facilidad de edición facilita la creación de "pruebas" visuales que, aunque técnicamente débiles, aparentan solidez ante lectores no especializados. El Efecto Mandela en la era de los flujos digitales combina así la fragilidad de la memoria humana con la potencia multiplicadora del medio.

Pero las consecuencias son reales. Para científicos y técnicos que trabajan en Meyrin, la circulación de recuerdos falsos o de "reconstrucciones" dramáticas tiene efectos concretos: desgaste reputacional, pérdida de tiempo en respuestas públicas, saturación de canales de comunicación y, en algunos casos, intentos de cooptación por parte de grupos que usan el rumor como punta de lanza para campañas más amplias. El problema no es sólo epistemológico; es práctico y político: cuando la ficción se presenta con la cadencia de la certeza, obliga a instituciones a sostener una doble tarea —hacer ciencia y deshacer mitos— que consume recursos y atenúa la capacidad de trabajo.

La reacción institucional del CERN frente al fenómeno ha combinado pedagogía y archivística. Por un lado, la apertura de archivos y la publicación de documentación primaria fueron respuesta material: bocetos del logo, actas de comisiones, registros fotográficos y cronologías verificables se hicieron accesibles en repositorios públicos. Esa transparencia no fue gesto retórico sino ejercicio de desmentido verificable: cuando la documentación histórica demuestra un origen gráfico claro para un símbolo, la narrativa conspirativa pierde su ancla. Pero la mera disponibilidad de archivos no basta: la información debe ser comprensible. Allí entró el segundo eje: educación crítica. Talleres sobre alfabetización mediática, charlas con psicólogos cognitivos y materiales divulgativos que explican cómo funciona la memoria reconstructiva se convirtieron en herramientas para que públicos amplios comprendieran por qué "recordamos cosas que no pasaron".

Asimismo, se habilitaron canales de respuesta rápida: equipos de comunicación preparados para desmentir afirmaciones virales con pruebas documentales, y colaboraciones con plataformas de verificación para etiquetar o contextualizar contenidos. La estrategia no persiguió la censura —la institución insiste en que la crítica es legítima— sino la calidad informativa: desactivar rumores mediante evidencia y explicar procesos abiertas. En paralelo, hubo políticas de participación pública: jornadas y visitas que reducen la opacidad y humanizan el trabajo científico, porque la cercanía reduce la proclividad a imaginar conspiraciones.

El Efecto Mandela, sin embargo, no es sólo un problema técnico que se resuelve con archivos y pedagogía. También requiere empatía. Muchos que relatan recuerdos falsos no son agitadores maliciosos; son personas que experimentan desconcierto frente a tecnologías y símbolos que no comprenden y buscan narrativas que les den sentido. Tratar a estas audiencias con desdén solo refuerza la polarización. Por eso la respuesta institucional más eficaz combina prueba y comprensión: evidencias que desacreditan falsedades y explicaciones que devuelven confianza mediante diálogo.

En el plano académico, el fenómeno abrió oportunidades de investigación interdisciplinaria. Equipos de psicología, comunicación y ciencias de la computación colaboraron con historiadores del CERN para estudiar cómo circulan recuerdos falsos en comunidades técnicas. Se ensayaron protocolos de comunicación de crisis que integraran insights sobre memoria colectiva y estrategias de desinformación. Los resultados, modestos pero instructivos, sugirieron que la transparencia temprana, la construcción de narrativas públicas coherentes y la educación crítica reducen la probabilidad de consolidación de recuerdos erróneos.

Un grupo de estudiantes frente a un archivo digital del CERN, mirando bocetos del logo de 1968. Un profesor les pide que reconstruyan, con piezas, cómo nació el símbolo. Los estudiantes se sorprenden: la traza de la historia es menos mítica de lo que la rumorología contaba, y a la vez más humana: decisiones de diseño, pruebas, conveniencias técnicas, no signos ocultos. Esa evidencia —la evidencia de la artesanía— actúa como antídoto simbólico: mostrar el trabajo detrás de los símbolos ayuda a disolver el misterio que los convierte en fósiles de la imaginación. En definitiva, la lección es práctica y ética: frente al Efecto Mandela, la mejor defensa es combinar pruebas documentales, pedagogía crítica y un diálogo que reconozca la inquietud humana detrás del recuerdo falso.

Capítulo 38: Teorías de la conspiración en la era cuántica

FUE UNA FRASE QUE, por su ligereza coloquial, terminó encendiendo más de una hoguera. En una entrevista informal de 2009 Sergio Bertolucci —en aquel momento Director de Investigación y Computación del CERN— hablaba con un periodista sobre posibilidades teóricas que algunos modelos de física proponen: dimensiones extra compactadas, señales de energía desaparecida en detectores y la imaginación legítima de que, si algo escapara del espacio de cuatro dimensiones que habitamos, podríamos interpretarlo como "algo que se va por una puerta a otra dimensión". Pronunció esa imagen —"podríamos abrir una puerta a una dimensión extra" y "algo podría salir"— con la sencillez del que usa metáforas para acercar una idea compleja. Al día siguiente la frase ya circulaba fuera de contexto, y en pocos días se había convertido en titular sensacionalista, meme y argumento en foros que buscaban pruebas de portales y puertas dimensionales.

La entrevista había sido técnicamente prudente: Bertolucci comentaba líneas de investigación legítimas dentro de física de alta energía que indagan posibles señales no estándar — señales de energía "faltante" o eventos que no se entienden del todo bajo el marco conocido— y la forma en que tales anomalías podrían, en ciertos modelos especulativos, interpretarse como efectos ligados a grados de libertad adicionales. En la práctica, hablar de "dimensiones extras" en física es referirse a parámetros matemáticos de teorías que extienden la geometría del espacio-tiempo; es hablar de hipótesis, de límites experimentales y de señales sutiles que habría que confirmar con datos reproducibles. En la boca de Bertolucci, la metáfora buscaba dar una imagen accesible para lectores no especializados, no fabricar un manual de portales reales.

El problema —y la lección posterior— es que las metáforas funcionan muy bien para emocionar y mucho peor para concretar. Una audiencia amplia, menos habituada a distinguir entre modelo teórico, metáfora pedagógica y capacidad tecnológica real, leyó la frase en su sentido literal. En foros, columnas y vídeos virales la historia se convirtió en narración apocalíptica: un laboratorio que "abre puertas" a otras dimensiones, portales por donde entrarían seres extraños o por donde escaparían catástrofes. La metáfora científica se transformó en evidencia para quien ya esperaba la prueba de una trama oculta.

Técnicamente, la reacción científica fue rápida y precisa. Equipos teóricos y experimentales se organizaron para explicar con datos y verbos claros por qué el funcionamiento real del LHC no implica la apertura de ninguna puerta física. Se describió que la noción de "energía faltante" en detectores es una herramienta experimental para inferir la presencia de partículas que no interactúan con los instrumentos —por ejemplo, neutrinos— y que los modelos con dimensiones extra predicen efectos estadísticos sutiles que, incluso en el caso de existir, no equivalen a un agujero dimensional literal. Además, se recordaron los límites físicos: cualquier objeto macroscópico no puede materializarse de la nada, que las interacciones a escala de aceleradores suceden en probabilidades controladas y que la creación de estructuras estables fuera de la física conocida choca con restricciones termodinámicas y dinámicas graves.

La institución reaccionó en varios frentes. Se publicaron documentos técnicos de acceso público explicando la diferencia entre metáfora y mecanismo; se organizaron seminarios divulgativos con teóricos que explicaban en lenguaje claro qué significan expresiones como "dimensiones extra" o "energía faltante"; y el departamento de comunicaciones empezó a exigir a los portavoces mayor cautela en el uso de imágenes coloquiales en entrevistas. Hubo, además, una política práctica: cada vez que una expresión metafórica pudiera prestar a malentendidos de riesgo, se preparaba un anclaje explicativo breve que el científico debía pronunciar en el acto —una frase del tipo: "cuando digo 'puerta' hablo metafóricamente; en términos físicos esto significa..."—. La medida era simple: anclar metáforas en explicaciones verificables y dar herramientas a la prensa para traducir con rigor.

Bertolucci mismo, al ver la ola, matizó públicamente sus palabras. No se trató de un desmentido agresivo sino de una aclaración técnica y pedagógica: repetir que la metáfora no implicaba posibilidad real de abrir portales utilizables, explicar las escalas energéticas, la física de colisiones y la inexistencia de tecnología para "traer algo" desde otra dimensión. Su rectificación fue sincera y productiva: ayudó a que la discusión se desplazara de la fabulosa a la técnica, y sirvió de ejemplo para que otros científicos midieran su lenguaje público.

Dejó algunas consecuencias duraderas. En primer lugar, reforzó la necesidad de formación en comunicación para investigadores. Saber decir metáforas es un arte: aproximan conceptos, pero también exigen anclajes que eviten lecturas literales. El CERN, y después otras instituciones, incorporaron cursos breves y guías prácticas para investigadores sobre cómo usar imágenes sin crear alarma. En segundo lugar, alertó sobre la velocidad de la viralidad en la era digital: una frase salida de contexto puede alimentarse de mapas mentales preexistentes y multiplicarse sin posibilidad técnica de control inmediato. La respuesta institucional, por tanto, dejó de ser solo corrección posterior y se volvió preventiva: preparar materiales y portavoces listos para intervenir en minutos.

Tuvo, además, una dimensión cultural que merece atención. Las metáforas de ciencia y mística siempre han entrado en diálogo —la física cuántica y el misticismo oriental han alimentado conversatorios desde Capra—; el problema no es la convergencia de lenguajes sino la responsabilidad al situarlas. Bertolucci, en lo personal, no pretendía alimentar mitos; pretendía acercar una idea compleja. La ambivalencia es instructiva: la imaginación poética tiene valor para motivar curiosidad, pero la institución que alberga proyectos con implicaciones reales debe custodiar la frontera entre evocación y descripción operativa.

La metáfora en ciencia es arma de doble filo. Acorta distancias cognitivas y, al mismo tiempo, puede ampliar miedos. La responsabilidad de la comunicación pública exige, por tanto, una doble fidelidad: a la claridad técnica y a la sensibilidad social. El CERN aprendió a traducir esa lección en procedimientos: formación para portavoces, guías para entrevistas, anclajes explicativos y una política de transparencia que desplaza al rumor mediante evidencia accesible. La frase de Bertolucci —leve, evocadora— se convirtió en caso de estudio: no por su contenido original, sino por la forma en que una metáfora, sin ancla, puede crecer hasta convertirse en leyenda y obligar a instituciones científicas a reparar no solo el lenguaje sino la confianza pública.

Capítulo 39: El delicado equilibrio de la transparencia

EL NOMBRE DE ASTRID Stuckelberger entró en el circuito público de una manera que confundía prestigio y asombro. No era una figura anónima: con formación en salud pública y trayectorias que habían pasado por agencias internacionales, su currículum ofrecía credenciales que daban autoridad a sus intervenciones en foros de políticas sanitarias. Fue esa misma autoridad —la que en otras ocasiones había servido para legitimar discursos sobre riesgo epidemiológico o planeamientos sanitarios— la que alzó el volumen de sus afirmaciones cuando, ya fuera en conferencias alternativas o en canales digitales de amplia circulación, empezó a enunciar una narrativa fuera de cualquier estándar probatorio aceptado por la comunidad científica.

Su tesis central fue extraordinaria en la forma y el contenido: afirmaciones sobre la existencia de programas nucleares subterráneos, sobre experimentos secretos y, más llamativamente, sobre el contacto o la intervención de "seres metálicos" que, según ella, habrían tenido algún tipo de relación con instalaciones subterráneas en Europa. Las expresiones combinaban relatos de experiencias personales, referencias a documentos que la autora interpretaba como confidenciales y lecturas simbólicas de imágenes y artefactos que, en su lectura, no correspondían a usos meramente técnicos. La mezcla de experiencia profesional previa y una retórica que evocaba ocultismo produjo, de inmediato, un efecto doble: por un lado la difusión masiva en redes y plataformas alternativas; por otro, la alarma en círculos periodísticos y científicos que vieron cómo una voz con pasado institucional podía ser utilizada para sostener narrativas que escapan al terreno verificable.

La reacción de la comunidad científica fue rápida y categórica. Instituciones y expertos consultados por medios señalaron la ausencia de evidencia verificable que sostuviera las afirmaciones de Stuckelberger: no existían registros públicos, ni testimonios con cadena de custodia verificable, ni análisis físico-químicos de supuestos "artefactos" que la supuesta evidencia describía. La respuesta no fue sólo negativa en tono; la crítica se apoyó en procedimiento: la ciencia exige trazabilidad, reproducibilidad y revisión por pares. Y en ausencia de eso, la carrera por afirmar lo insólito queda reducida al testimonio individual, muy válido en lo subjetivo, pero insuficiente como argumento para alterar la agenda pública o movilizar recursos.

El efecto comunicativo, sin embargo, no obedeció sólo a la plausibilidad técnica. En plataformas de difusión alternativa el relato encontró un eco poderoso: la combinación de misterio, autoridad y metáforas apocalípticas conectó con audiencias que ya albergan desconfianzas hacia instituciones, tecnologías y elites. En esas comunidades, las afirmaciones de Stuckelberger circularon como si una voz autorizada hubiera dotado de plausibilidad a narrativas que de otro modo se desplazan en los márgenes. En términos de imaginación social, la figura de la científica que denuncia, desde dentro, conspiraciones profundas resultó especialmente atractiva: ofrecía la mezcla perfecta de insider knowledge y valentía moral que las comunidades conspirativas buscan confirmar sus juicios.

Desde el punto de vista institucional, el problema fue más complejo que un mero desmentido. El CERN, ante las acusaciones explícitas que colocaban a su infraestructura en el centro de tramas secretas, adoptó una política de transparencia y defensa documental: comunicados claros, apertura de archivos públicos sobre actividades subterráneas, invitaciones a periodistas a verificar instalaciones y, cuando fue necesario, acciones legales para proteger su personal y su reputación frente a difamaciones concretas. La estrategia no buscó acallar al interlocutor crítico —la libertad de expresión es un derecho— sino mostrar evidencias que desacreditaran afirmaciones específicas: planos, permisos públicos, protocolos de acceso y contratos industriales verificables que ubicaban actividades ajenas a las fantasías atribuidas.

La controversia desplazó, a su vez, discusiones sobre el peso del testimonio profesional fuera del propio campo de experticia. Stuckelberger hablaba desde un lugar de credenciales en salud pública; sin embargo, sus afirmaciones implicaban juicios sobre física subterránea, diseño de instalaciones y, en la parte más extrema, sobre contactos con entidades no humanas. La lección fue práctica y nítida: autoridad profesional no equivale a infalibilidad, y las instituciones científicas necesitan, más aún en la era digital, herramientas para distinguir entre afirmaciones verificables y testimonios que requieran otros tipos de comprobación. Por ello, muchos comunicadores científicos subrayaron la necesidad de que quienes trascienden sus campos lo hagan con cautela y con la disposición a someter sus afirmaciones a escrutinio riguroso.

Apareció, asimismo, una dimensión sociológica: la forma en que las figuras con pasado institucional pueden legitimar narrativas marginales. Que una experta reconocida sostenga afirmaciones extraordinarias amplifica la sensación de veracidad entre audiencias predispuestas. La responsabilidad ética —discutieron académicos y periodistas— obliga a quienes ocupan espacios de autoridad a distinguir entre opinión, interpretación y prueba, y a cuidar las fronteras entre provocación mediática y daño reputacional.

No faltaron consecuencias prácticas. La circulación de las declaraciones de Stuckelberger derivó en confusión ciudadana alrededor del CERN, con consultas al laboratorio, solicitudes de inspección por parte de autoridades locales y presiones políticas para aclarar supuestas actividades ocultas. Parte de la respuesta institucional tuvo que ver con abrir espacios de diálogo público:

jornadas de puertas abiertas ampliadas, sesiones de preguntas y respuestas con técnicos y gestores, y materiales explicativos que describieran procedimientos de seguridad, limitaciones técnicas y marcos regulatorios. La estrategia combinó transparencia técnica con pedagogía social: no sólo negar, sino explicar por qué ciertas narrativas son imposibles con las tecnologías conocidas.

El debate también tocó la dimensión ética de la publicidad de afirmaciones extraordinarias. ¿Qué deber tienen los medios en verificar antes de amplificar? ¿Cómo balancear el interés público con la responsabilidad de no dar voz a afirmaciones que puedan causar alarma injustificada? La experiencia mostró que la viralidad no respeta filtros periodísticos y que los ecos de lo extraordinario pueden causar daños concretos: desgaste reputacional, amenazas a personal, saturación de recursos de respuesta institucional y alarma pública. Frente a eso, muchas redacciones revisaron protocolos: mayor verificación, consulta a expertos independientes y advertencias editoriales cuando se reproduce testimonio sin pruebas.

El caso abrió una vertiente menos polémica y más introspectiva: el estudio de por qué las sociedades contemporáneas alimentan narrativas que mezclan tecnología y espiritualidad. Las afirmaciones de Stuckelberger, como otras en el mismo celuloide cultural, inscriben miedos que combinan pérdida de control frente a artefactos técnicos y nostalgia de explicaciones míticas. La antropología y la sociología ofrecieron lecturas que fueron útiles para las campañas institucionales: ante la incertidumbre tecnológica, las sociedades retroalimentan mitologías que procuran sentido; comprender ese mecanismo ayuda a diseñar estrategias comunicativas que no solo desmientan sino que ofrezcan marcos de comprensión más sólidos y menos fantasiosos.

Un auditorio en el que una conferenciante —ya no Stuckelberger sino una científica reconocida en física de partículas— responde con paciencia a preguntas sobre límites técnicos y sobre cómo se distinguen, en ciencia, la especulación y la prueba. La escena resume la lección: la autoridad científica es valiosa, pero exige rendición de cuentas; la comunicación pública necesita tanto apertura como rigor; y frente a afirmaciones extraordinarias, la sociedad demanda pruebas, no exhortaciones. El caso de Astrid Stuckelberger será recordado, más que por la veracidad de sus tesis, por haber desatado una conversación urgente sobre los límites de la autoridad, la responsabilidad mediática y la necesidad de transparencia en una era donde la verdad se disputa en la vidriera de la red.

Capítulo 40: El científico como figura pública y diplomático

CALIFORNIA, 1946. EN la periferia brillante de Los Ángeles, entre hangares, pistas de ensayo y talleres de metales, un joven químico y técnico cohetero llamado Jack Parsons vivía la contradicción radical que todavía hoy fascina: por un lado, la ingeniería de la propulsión, por otro, la devoción ritual por un sistema mágico que declaraba la libertad individual y la transgresión como caminos de transformación. Parsons fue figura central de aquella rara intersección entre técnica y esoterismo; su vida y su obra condensan la extrañeza de un tiempo en que la frontera entre lo instrumental y lo mítico no siempre estaba clara.

Parsons había contribuido, con otros pioneros, a avances en la propulsión a combustible sólido que luego serían decisivos para la carrera aeroespacial. Sus talleres olían a solventes y a pólvora, y sus cuadernos de laboratorio registraban balanceos de masa, curvas de presión y notas de experimentos que nacían en la tarde y se prolongaban hasta la madrugada. Al mismo tiempo, en su casa-laboratorio ocurrían otras prácticas: invocaciones, rituales nocturnos, esquemas simbólicos y lecturas que venían de las escuelas ocultistas europeas. Para Parsons, el cohete y el rito compartían una lógica que algunos contemporáneos llamaron fantasiosa y otros —los que lo conocían— reconocían como una coherencia íntima: ambos pretendían alterar el orden, vencer la inercia y abrir vías hacia el porvenir.

El Babalon Working, el ritual que Parsons realizó principalmente en 1946 con la colaboración de L. Ron Hubbard y la asistencia de algunos otros, fue la síntesis más emblemática de esa apuesta. Tomando recursos simbólicos de la cosmología thelémica de Aleister Crowley —Babalon como figura arquetípica de la fecundidad, de la transgresión y del poder sexual creativo—, Parsons y sus colaboradores llevaron a cabo una serie de operaciones rituales con la intención declarada de invocar una "manifestación" que, para ellos, tenía el carácter de una entidad o de una potencia —la "Nueva Mujer" o "Babalon"— que cambiaría el tejido social y los símbolos de la época. El ritual mezcló rituales enoquianos, símbolos cabalísticos, la recitación de textos y actos performativos que, para quienes participaron, constituían trabajo efectivo sobre la realidad psíquica y, acaso, sobre una "realidad" menos fácil de medir.

La narración de esos años está poblada de detalles llamativos: velas en torno a círculos cuidadosamente trazados, oferendas, el cruce de palabras rituales con notas tomadas sobre técnica de combustibles, la figura de L. Ron Hubbard —entonces escritor y mago en ciernes— que actuaba como operador magístico en escenas que hoy parecen, al mismo tiempo, crepusculares y proféticas. Marjorie Cameron, poeta y artista, sería luego la figura que encarnó la presencia femenina invocada en esos rituales y que mantuvo, con intensidad, el legado estético y simbólico de aquel experimento.

Es imposible no advertir la tensión trágica de la historia personal de Parsons: la misma mano que trazaba ecuaciones de propulsión también inscribía sigilos y nombres en páginas con tinta de ritual. La vida de Parsons terminó abruptamente en 1952, en una explosión en su laboratorio doméstico, episodio que, por sus circunstancias y por la figura pública del implicado, alimentó años de rumor y de versiones conspirativas. Un hecho técnico —una reacción química descontrolada— quedó así, en la imaginación colectiva, imantado por narrativas que preferían lo extraordinario a la explicación más prosaica.

A partir de allí, la historia de Parsons pasó a alimentar dos líneas interpretativas: por un lado, la de los historiadores y los biógrafos que legaron una imagen compleja de ingeniero genial y de mago íntegro; por otro, la de las comunidades esotéricas que vieron en el Babalon

Working un acontecimiento iniciático, una suerte de ritual fundador de una corriente de contracultura que reverberaría en décadas siguientes. Esa ambivalencia hizo de Parsons una figura liminar: símbolo de la convivencia entre tecnología y mística, y, para algunos, antecedente de la modernidad tecnológica con su veta de inquietud espiritual.

La migración de aquel episodio a la contemporaneidad del LHC no se produjo por un vínculo causal sino por analogías simbólicas que la imaginación popular construye con facilidad. Las conspiraciones que circulan en torno al Gran Colisionador de Hadrones no buscan un vínculo técnico con prácticas de mediados del siglo pasado: buscan una genealogía mitológica que haga coherente lo inaudito. La semejanza es, sobre el papel, metafórica: anillo subterráneo que concentra energías, rituales de encendido, la búsqueda de fuerzas profundas que cambian el estado de la materia. Para los autores de esas narrativas, la coincidencia de formas —un anillo que circunda tierra y una especie de ceremonia nocturna que invoca presencias— basta para tramar una historia en la que Parsons aparece como precursor de una tradición oculta que ahora se reanuda bajo la maquinaria moderna.

Pero aquí es donde la distinción empírica se vuelve crucial. Las prácticas rituales de Parsons no podrían, en modo alguno, haber "preparado" ninguna tecnología ni haber dejado rastro causal que volviera operativa una máquina física décadas después en Suiza. La física de partículas opera con ecuaciones, instrumentación precisa y controles que son públicos y verificables; la colección de símbolos mágicos de Parsons pertenece al plano de la subjetividad, de la experiencia esotérica y del valor anecdótico. Un puente entre ambos mundos existe en la imaginación humana, no en la causalidad verificable. La confusión entre analogía simbólica y lazos de causa real es la fisura que alimenta las teorías conspirativas: necesitan el relato mítico más que el documento.

La reapropiación contemporánea de la figura de Parsons en discursos conspirativos tiene, sin embargo, su lógica sociológica. Parsons encarna la figura del científico-mago, el técnico que no se contenta con la instrumentación y que busca otro tipo de eficacia: la transformación simbólica. Esa figura resulta seductora para audiencias que piensan la tecnología como portadora de poderes —no solo instrumentales— y que buscan narrativas que expliquen la sensación de que las máquinas "hacen cosas" que la sociedad no puede controlar. En un mundo donde la tecnología decide invisiblemente aspectos de la vida cotidiana, recuperar la figura mítica del mago-ingeniero ofrece una historia en la que el asombro y la culpa pueden encontrarse: si lo moderno produce maravillas y peligros, debe haber, en la genealogía, hechiceros anteriores que iniciaron la trama.

¿Cómo responde la comunidad científica a ese tipo de apropiaciones simbólicas? La tarea no es simplemente negar con autoridad y desprecio las teorías conspirativas; requiere, antes bien, una estrategia pedagógica que muestre la especificidad metodológica de la ciencia. En el CERN, esa respuesta ha adoptado varios tonos: transparencia documental sobre el propósito y los métodos de las máquinas, apertura de archivos históricos que muestran la traza clara de decisiones técnicas y no rituales, y un esfuerzo divulgativo por explicar en lenguaje claro cómo funcionan los detectores, qué significan los "encendidos" y qué límites físicos existen ante fantasías sobre portales y entidades.

Al mismo tiempo, la institución ha buscado no condenar la imaginación simbólica —que es legítima— sino delimitar su campo. El arte, la religión y la mística son dinámicas humanas esenciales; la ciencia no necesita expulsarlas. Lo que sí exige es que, cuando esas dinámicas se traducen en afirmaciones que afectan a la opinión pública o a la seguridad, sean sometidas a escrutinio. La diferencia es sencilla: la metafórica celebración de lo misterioso no es el problema;

la presentacióndе la metáfora como diagnóstico técnico o como causa eficiente sí lo es.

El asunto plantea una cuestión ética y cultural a la vez: ¿cómo leer figuras como Parsons en un mundo donde la técnica y la simbología se interfieren en la imaginación social? La respuesta implica humildad interpretativa. Parsons, con sus máquinas y sus rituales, no es ni icono ni advertencia absoluta: es figura ambivalente que invita a pensar la condición humana. Su gesto muestra que la búsqueda de sentido puede adoptar formas muy distintas y que la tecnología, además de herramientas, es lugar de preguntas existenciales. El reto de las instituciones científicas consiste en acoger esa pregunta sin confundirla con la pretensión de que lo mítico explica lo técnico.

Un estudiante de historia de la ciencia hojea los cuadernos de Parsons digitalizados en el archivo, alternando notas de ensayo sobre combustibles con pasajes rituales escritos a mano. Se detiene en una línea donde Parsons mezcla un cálculo de empuje con un nombre místico; sonríe y cierra el cuaderno con respeto. La imagen sugiere algo que excede la graciosa tensión entre mito y técnica: la humanidad de una época que, en su osadía, soñó al mismo tiempo con despegar hacia el espacio y con invocar figuras arquetípicas. Leer esa página no es validarla como causa científica; es comprender la polisemia del deseo humano. Y quizás, al final, esa comprensión sea el antídoto más sensato frente a mitos que quieren convertir analogía en evidencia.

Capítulo 41: El santuario desmitificado

BERLÍN, EN LA SEGUNDA mitad del siglo XIX, era un cruce de saberes: salas de conferencias donde la física se hacía con instrumentos y laboratorios llenos de vidrio, pero también salones donde la curiosidad social por lo extraño convocaba a médiums y a practicantes espiritistas. En ese ambiente se movió Johann Zöllner, astrónomo de formación, físico reputado, miembro de academias, hombre de laboratorio y, simultáneamente, buscador de explicaciones más allá del tedio aparente de lo cotidiano. Su figura es, en ese sentido, reveladora: un científico que no renuncia a la rigurosidad experimental y que, al mismo tiempo, se deja seducir por fenómenos que la ciencia ortodoxa de su tiempo encontraba inmanejables.

Zöllner no acudió al espiritismo como aficionado ingenuo; lo hizo con instrumentos y protocolos propios del laboratorio. Con paciencia y disciplina, montó experimentos en su observatorio que cruzaban métodos empíricos y el contacto con médiums: mesas que flotaban, nudos que se desataban sin manos visibles, objetos que desaparecían en cajas cerradas y retornaban a manos de asistentes. Sus colaboradores incluyeron a figuras como Henry Slade, un médium que entonces gozó de notoriedad y que interpretó algunos episodios como manifestaciones de fuerzas no ordinarias. La singularidad del enfoque de Zöllner estuvo en su disposición a someter esas apariciones a medidas, a registrar tiempos, ángulos y repeticiones. Su idea fue convertir lo anómalo en dato reproducible, y ponerlo en diálogo con herramientas matemáticas.

La hipótesis que articuló Zöllner fue audaz y, por momentos, fascinante: postuló que los fenómenos "paranormales" podrían interpretarse como efectos de una interacción entre nuestro espacio tridimensional y una cuarta dimensión espacial —no temporal— a la que refería con terminología geométrica. Mediante geometría proyectiva y analogías topológicas, Zöllner intentó mostrar cómo un objeto tridimensional podría proyectarse desde una dimensión superior de maneras que a nosotros nos parecen milagrosas o imposibles. Un nudo imposible, en su lectura, sería la sombra tridimensional de una manipulación en hiperespacio; una materialización súbita, el entrecruzamiento de proyecciones entre dimensiones. Sus ecuaciones no pretendían explicar espíritus, sino describir posibilidades: si una cuarta dimensión existe, ¿cómo se manifestaría su intersección con la nuestra? La respuesta, para Zöllner, estaba en patrones geométricos y en la lógica de las proyecciones.

Los experimentos fueron presentados con una mezcla de meticulosidad y teatralidad científica. Zöllner documentó tablas de registro, tiempos de aparición, posiciones iniciales y finales de objetos, y construyó diagramas que intentaban mostrar consistencias repetibles. Para él, el ensayo permitía trazar líneas entre observación y teoría: si los fenómenos obedecían a reglas geométricas, entonces deberían aparecer simetrías, invariantes y relaciones numéricas observables. Sin embargo, la dificultad central residía en separar actuación y fraude en contextos donde la credulidad y la habilidad escénica podían confundirse.

La recepción en la comunidad científica fue, inevitablemente, divisoria. Algunas voces respetadas, fascinadas por la audacia teórica, acogieron la propuesta de Zöllner como un desafío intelectual: si la cuarta dimensión podía ofrecer explicaciones, valía la pena explorar sus consecuencias formales. Otros, en cambio, reaccionaron con escepticismo severo y con crítica metodológica: los médiums habían sido expuestos previamente en actos de ilusionismo, los controles no siempre fueron herméticos y las supuestas repeticiones no garantizaban la ausencia de manipulación. Los escépticos recordaron que la historia del espiritismo estaba plagada de casos donde la técnica del engaño —hilos, espejos, trucos de manos— imitaba lo asombroso con eficacia. En salones y en revistas científicas se desató un choque entre la esperanza de expandir la física y la cautela que exige distinguir el dato del efecto deliberado.

Más allá del debate académico, la obra de Zöllner tuvo una segunda vida en ámbitos que no siguieron las reglas de la cita y la revisión por pares. Sus argumentos encontraron asidero en círculos teosóficos y esotéricos que buscaban legitimar intuiciones simbólicas mediante la autoridad de la geometría. La idea de que la cuarta dimensión podría explicar fenómenos que la experiencia tradicional no abarcaba conectó con cosmologías que ya imaginaban planos superiores de existencia. Autores y movimientos de la corriente ocultista se apropiaron de las imágenes matemáticas como coartada intelectual: la dimensión extra no era ya hipótesis técnica sino puente retórico que unía matemáticas modernas y saberes arcanos. En ese tránsito, la voz científica de Zöllner se volvió rastro de legitimidad para quienes querían leer la naturaleza con ojos místicos.

Con el tiempo, y siguiendo la lógica de la memoria cultural, las ideas dimensionales de Zöllner migraron hacia los repertorios populares de lo inexplicable. En el siglo XX y en adelante, cuando teorías sobre dimensiones extra —desde la física de Kaluza-Klein hasta la teoría de cuerdas— ocuparon páginas científicas serias, algunas lecturas populares reactivaron la imagen de Zöllner: "un científico que vio por primera vez lo que hoy denominamos dimensiones extra". Esa apropiación vendría a fortalecer mitos contemporáneos: el de la física como puerta literal hacia realidades ocultas; la de los laboratorios subterráneos como sitios donde la geometría se transforma en portal. La genealogía no es estrictamente lineal ni causal: la física moderna no deriva de los experimentos espiritistas; pero la resonancia simbólica permitió reciclar figuras como la de Zöllner para reforzar narrativas que confunden analogía con prueba.

Los críticos históricamente pertinentes no cesaron. Los ilusionistas profesionales —magos que conocían los trucos del oficio— expusieron técnicas que podían reproducir muchas de las manifestaciones observadas por Zöllner. Periodistas de investigación desenmascararon a médiums en actos de fraude; historiadores de la ciencia mostraron que las instituciones científicas de la época tendían a separar la curiosidad experimental de la promoción de afirmaciones sin base replicable. En términos prácticos, la obra de Zöllner perdió apoyo en la comunidad científica mainstream porque su método no resolvía el problema del control y la replicabilidad: la ciencia exige protocolos que excluyan la intervención deliberada. Donde Zöllner creyó ver una pista de física, la mayoría terminó por ver una advertencia sobre las trampas de la fascinación.

Sin embargo, reducir su historia a un fracaso epistemológico sería injusto. La ambición de Zöllner fue, en el fondo, la de expandir las categorías de la explicación humana. Su uso de la matemática como puente hacia fenómenos recalcitrantes anticipó debates legítimos: la relación entre modelos formales y la fenomenología, la forma en que la geometría puede abrir marcos de interpretación y la necesidad de renovar métodos cuando el objeto de estudio desafía las prácticas convencionales. Además, su relato inspira una lección institucional: la ciencia no puede renunciar a la curiosidad ante fenómenos mal comprendidos; sí debe exigir protocolos de verificación más fuertes cuando las pruebas amenacen con el fraude o con la seducción interpretativa.

El eco de Zöllner en el imaginario del CERN y de sus críticos contemporáneos es instructivo porque muestra la atracción persistente de una figura arquetípica: el científico que, sin temor, cruza la frontera del conocimiento hacia lo simbólico. Esa figura funciona como advertencia y como estímulo. Advertencia porque evidencia los riesgos de confundir legitimidad con autoridad aparente; estímulo porque recuerda que la física, en sus mejores momentos, nació de la mezcla entre audacia conceptual y rigor experimental. El problema aparece cuando la primera suplantala segundo.

En una mesa del archivo antiguo del departamento de historia de la ciencia, se disponen dos libros: uno con las notas técnicas de Zöllner, el otro con una antología de textos theosóficos que lo cita amplificando sus palabras. Un estudiante, con gesto curioso, pasa la mano por las páginas. En ellas, entre ecuaciones y letanías, se lee la historia humana de un deseo: el deseo de encontrar continuidad entre la razón fría y la experiencia vivida. La enseñanza es doble y modesta: la matemática puede ser herramienta de claridad; también puede ser usada para reforzar mitos si la disciplina experimental no la acompaña. Zöllner, en ese sentido, ocupa una posición ambigua pero reveladora: la de quien recuerda que la ciencia, además de instrumento, es práctica humana que debe cuidar, siempre, su método.

Capítulo 42: El taller de la Ilustración

JUNIO DE 2016 AMANECIÓ en los Alpes con esa claridad que hace que la piedra parezca más vieja y las mañanas más decentes. La inauguración del túnel de San Gotardo, logro de ingeniería que conectaba regiones y transformaba rutas, se pensó como un acontecimiento nacional y europeo: una obra civil, sí, pero también una ceremonia pública de amplitud simbólica. Para subrayar esa dimensión cultural se encargó a Volker Hesse, director escénico conocido por propuestas provocadoras, una puesta que debía hablar de tránsito, trabajo, tiempo y progreso. El resultado, al día siguiente, dividió opinión pública y activó debates sobre arte, poder y el sentido de los espectáculos estatales.

El montaje ocupó una noche de apertura que mezcló teatro, instalación y performance. La escenografía apostó por la provocación estética: una procesión que evocaba cortejos funerarios y ceremonias de renacimiento, la presencia de personajes híbridos —un "hombre-cabra" que caminaba con la solemnidad de un guardián primitivo, un andrógino con cabeza-bebé de dimensiones desproporcionadas— y la combinación de música granulada con gestos corporales estridentes. Hesse quiso usar símbolos que hablaran de tránsito humano y de la transformación del paisaje; su discurso buscaba tensionar la idea de progreso con imágenes que despertaran preguntas sobre sacrificio y costo social.

La obra duró alrededor de una hora y media y fue retransmitida en directo por medios que cubrieron el evento. La puesta, en su despliegue, combinó metáforas fuertes: un cordero invertido que se mostraba como ofrenda, un gran reloj móvil que marcaba un tiempo sincronizado con pasos coreografiados, sombras que emergían entre humo artificial. Para espectadores sin contexto, la imagen fue chocante; para algunos críticos de arte, la pieza era potente: un comentario sobre la técnica como ritual y la infraestructura como escenario donde se escriben historias nacionales. La discusión que siguió probó que el arte público no suele dejar indiferente: algunos vieron audacia performativa; otros, desacato a sensibilidades comunes.

La reacción pública fue, de inmediato, polarizada y ruidosa. Sectores conservadores calificaron la puesta de "blasfema" o "demoníaca"; columnas de opinión en periódicos tradicionales hablaron de una élite cultural desconectada de valores comunes y pidieron explicaciones. Por el contrario, críticos de arte y sectores progresistas defendieron el lenguaje transgresor como necesario para poner en evidencia tensiones históricas: la obra no era ceremonia de tecnocracia triunfante sino interrogación sobre lo que se sacrifica en nombre del progreso. Entre esos polos, las redes sociales amplificaron imágenes y memes; reacciones emotivas y juicios categóricos circularon con velocidad.

Pero más allá de la polémica estética hubo un fenómeno curioso: la reinterpretación simbólica que alimentó teorías conspirativas. Para grupos que ya venían leyendo la tecnocracia europea como un tejido de élites que normaliza rituales ocultos, la performance de San Gotardo fue evidencia confirmatoria. El hombre-cabra se convirtió en icono: signo de un supuesto nexo entre infraestructuras y cultos arcaicos; el ángel-bebé fue reclinado en montajes gráficos que sugerían manipulación cultural por parte de élites. La conexión entre espectáculo y conspiración es siempre tenue: las piezas simbólicas son multifuncionales; en las manos de quienes buscan pruebas de una agenda secreta se transforman en índice. Así, la inauguración del túnel, concebida como acto artístico contemporáneo, devino en prueba para narrativas que vinculan tecnología, poder y ritualidad.

Políticamente, el episodio no fue inocuo. La presencia de líderes europeos en primera fila convirtió la crítica estética en cuestión de Estado: algunos partidos exigieron explicaciones sobre la adjudicación del encargo, cuestionaron la idoneidad de emplear fondos públicos en performances que ofendían sensibilidades y pidieron mayor control sobre el protocolo de inauguraciones. Para Hesse la intención era otra; para los críticos, la imagen del poder celebrando con gestos crípticos era prueba de sintonía entre tecnocracia y estetización del poder. El debate pasó de los cafés al parlamento: se discutió la necesidad de instancias consultivas para la selección de propuestas artísticas en actos públicos y la obligación de transparencia en los presupuestos destinados a espectáculos oficiales.

Esa negociación política derivó en medidas prácticas. Se revisaron procesos de adjudicación cultural en eventos públicos de alto perfil; se propusieron comités mixtos con representantes locales y expertos en patrimonio para evaluar propuestas; y se impulsó un código de conducta para actos inaugurales que recomendaba sensibilidad contextual. La idea fue conjugar libertad artística con responsabilidad pública: no cercenar la provocación, pero evitar escenas que, por su descuido del contexto cultural, generaran fracturas innecesarias en sociedades diversas.

La polémica también abrió una conversación más profunda sobre la relación entre infraestructura y ritual. En sentido antropológico, la inauguración del San Gotardo puso en evidencia que las sociedades modernas siguen necesitando rituales que marquen transición: adiós a largos viajes por la montaña, bienvenida a la velocidad y a la conectividad. Pero la forma de esos rituales importa: pueden ser celebraciones institucionales sobrias o performances que interpelan al público con simbolismo incómodo. La pregunta que quedó flotando fue la de siempre: quién decide el lenguaje de las ceremonias públicas en sociedades plurales y en nombre de qué valores.

En el terreno mediático, la inauguración se volvió caso de estudio sobre efectos simbólicos. Algunos columnistas recordaron previa experiencia en que la transgresión artística en espacios públicos había generado debates productivos; otros advirtieron que la viralidad de imágenes sacadas de contexto puede radicalizar polarizaciones. La centralidad mediática del caso reforzó otra conclusión: la televisión y las redes no muestran la totalidad de una obra; cortan, seleccionan y amplifican fragmentos. La pieza, en su completo sentido performativo, pudo leerse como comentario crítico; en planos fragmentados se convirtió en provocación simple.

A la larga, la inauguración del San Gotardo dejó huellas múltiples. En el terreno artístico generó reflexiones sobre la función del arte público y el límite entre provocación y responsabilidad; en el terreno político forzó la revisión de procedimientos de adjudicación y diseño de ceremonias; en la cultura popular alimentó narrativas conspirativas y sensibilidades que, más tarde, volverían a encontrar objetos simbólicos en otras infraestructuras. Pero quizás la lección más duradera sea más prosaica: las sociedades contemporáneas construyen símbolos a gran escala y esos símbolos, al circular, sirven de espejo para preguntas profundas sobre modernidad, memoria y poder.

En una mañana posterior a la inauguración, un grupo de obreros camina por el borde de la gran estructura y recoge escombros de montaje; detrás, la entrada del túnel permanece abierta y, al lado, una pequeña placa conmemorativa. Alguien dejó flores en la base de una escultura temporal; alguien más se detuvo un instante a mirar. La escena sugiere que la infraestructura, finalmente, es eso: un lugar donde la técnica y la vida se encuentran; los espectáculos que la rodean pueden elevar dudas legítimas o generar miedos injustificados, pero el sentido social de la obra se construye día a día con uso y mantenimiento. Y en ese trabajo cotidiano, más que en la pompa de la inauguración, se decide la relación real entre tecnología y ciudadanía.

Capítulo 43: Ciudadanía científica y rendición de cuentas

LA IDEA DE UN VÍNCULO ritual entre San Gotardo y el CERN nace menos de mapas que de metáforas: dos grandes obras subterráneas, dos túneles que se internan bajo la tierra, dos inauguraciones que tomaron la forma de liturgias modernas. La cercanía física —ambas infraestructuras ubicadas en la misma región alpina, cruzando fronteras cantonales y departamentales— facilita que la imaginación pública las empareje. Pero el parentesco simbólico no se agota en la geografía: hay coincidencias en el tono de las ceremonias, en la estética de grandes maquinarias y en la manera en que las sociedades contemporáneas intentan ritualizar logros técnicos. De esas correspondencias surge la hipótesis ritual: ¿son estos proyectos parte de una misma coreografía civilizatoria que, a fuerza de repetir imágenes y gestos, genera una liturgia tecnocrática compartida?

Quienes sostienen la hipótesis ritual suelen tejer su argumento en varios planos. En el primero, el formal, señalan que tanto el túnel de San Gotardo como los túneles que alojan al LHC son espacios subterráneos impresionantes, excavaciones que atraviesan montañas y horizontes antiguos. La materialidad del subsuelo, dicen, tiene poder simbólico: cavar bajo la roca equivale a abrir un contacto con capas profundas de la tierra, y las ceremonias de inauguración funcionan como ritos de paso —de un mundo antiguo a otro tecnificado— que requieren escenografías, símbolos y performances que recuerdan a ritos tradicionales. En el segundo plano, el estético, observan la reiteración de motivos: relojes gigantes, procesiones, figuras híbridas en inauguraciones políticas o artísticas; el repertorio simbólico se replica y refuerza emocionalmente ciertas lecturas del progreso. En el tercer plano, el político, algunos argumentan que las élites técnicas y políticas adoptan estos rituales para legitimar transformaciones económicas y territoriales: la infraestructura no es solo técnica, es acto de soberanía y de reconfiguración simbólica del territorio.

Esa construcción narrativa es potente porque mezcla hechos visibles con lecturas emocionales plausibles. La pregunta, entonces, no es por qué alguien imaginó el vínculo —las imágenes invitan naturalmente a ello— sino si existe una intencionalidad compartida, una estrategia deliberada que conecte rituales y objetivos de poder. Aquí la hipótesis se vuelve frágil: nada en los documentos fundacionales de ninguno de los proyectos sugiere una coordinación simbólica consciente que vaya más allá de la diplomacia y la imagen pública habitual de cualquier gran obra. Las ceremonias públicas comparten elementos porque las ceremonias públicas siempre han compartido elementos —discursos, banderas, música, autoridades—; la semejanza no prueba conspiración, prueba continuidad de formas de legitimación pública.

La fragilidad de la hipótesis ritual se hace más evidente cuando se aplican filtros empíricos. La construcción del túnel de San Gotardo obedeció a necesidades de transporte y a decisiones políticas y técnicas que respondieron a geografía, economía y planificación europea. Las decisiones sobre artística y dramatización de la inauguración fueron encargos culturales, sujetos a debates públicos sobre buen gusto, presupuesto y representación. El CERN, por su parte, es una institución científica multinacional con procesos de gobernanza, comités técnicos y un historial de apertura que obliga a transparencia en la gestión de proyectos y eventos. No hay en los expedientes, en las actas del Consejo o en los contratos administrativos ningún acuerdo que articule rituales coordinados entre ambos proyectos. Lo que hay son registros de negociación técnica, acuerdos transfronterizos y concursos públicos: la prosa burocrática de la modernidad más que la trama de una cabala.

Aun así, la vida pública no se contenta con documentos. La política simbólica opera en lenguajes que los archivos no contienen: imágenes, performances y modos de representación que circulan en la cultura visual y en la psique colectiva. En ese terreno resonaron dos factores que alimentaron la idea de un vínculo ritual. El primero es la sensibilidad mediática contemporánea: la viralidad de una imagen —un "hombre-cabra" en San Gotardo, una estatua en Meyrin, una ceremonia nocturna— basta para producir asociaciones simbólicas potentes y duraderas. El segundo factor es la audacia artística: los directores escénicos que diseñan inauguraciones comparten una cultura profesional donde la provocación forma parte del lenguaje; resultados disonantes con el gusto mayoritario son inevitables y fácilmente reinterpretables por públicos que buscan patrones conspirativos.

El resultado fue previsible: la misma imagen que a críticos de arte les pareció valiosa se convirtió, en otros circuitos, en prueba de rituales elitistas o de prácticas ocultas. La mediación digital aceleró esa conversión: capturas, cortes y memes descontextualizados multiplicaron lecturas parciales. Ante eso, las instituciones reaccionaron con la única herramienta eficaz en sociedades abiertas: documentación y diálogo. Las autoridades del túnel y del CERN abrieron archivos, publicaron cronologías, difundieron grabaciones integrales de las inauguraciones y organizaron foros públicos donde artistas, curadores y gestores explicaran intenciones y procesos. La transparencia se mostró como la cura práctica para la mitología: mostrar no solo el producto sino la cadena de decisiones que lo produjo.

Más allá de desmentidos y transparencia, la polémica trajo una oportunidad productiva: obligó a quienes diseñan ceremonias públicas a considerar la pluralidad de audiencias y los posibles impactos simbólicos de sus propuestas. Los departamentos culturales de los gobiernos y los comités organizadores empezaron a incorporar criterios de sensibilidad local y de contextualización antes de encargar performances arriesgadas. En la práctica, eso implicó becas de escritura pública para artistas, consultas con comunidades locales y la exigencia de planes de comunicación que anticiparan lecturas alternativas. No se trató de censura sino de responsabilidad: entender que la performatividad de un acto trascendental puede irradiar más allá de la intención estética.

También se inició un diálogo entre antropólogos, historiadores de la ciencia y diseñadores para analizar cómo las infraestructuras modernas se convierten, ineluctablemente, en símbolos y cómo el Estado utiliza rituales para legitimar proyectos que reconfiguran territorios. Esos estudios mostraron que los rituales de la tecnocracia no son novedad: desde inauguraciones de canales hasta puentes y ferrocarriles, las sociedades han dado forma simbólica a la técnica. La novedad contemporánea es la velocidad con que esas imágenes se globalizan y la complejidad de audiencias que las reinterpretan: lo que antes era espectáculo nacional ahora es meme global.

¿Entonces existe un vínculo ritual entre San Gotardo y el CERN? La respuesta, en rigor, es mixta. No existe prueba de una conspiración ritual consciente entre ambas instituciones; los lazos documentales responden a funciones distintas y a agendas separadas. Pero sí existe una articulación simbólica: ambos proyectos ocupan en la imaginación social roles de umbral, de transformación y de poder. Esa articulación no es conspirativa; es cultural: dos manifestaciones del mismo fenómeno moderno —la tectónica técnica que reconfigura el territorio y necesita legitimación simbólica—. Comprender esa articulación exige, por tanto, distinguir entre intención organizada y resonancia simbólica emergente.

La política pública tiene algo que aprender de esa distinción. Por un lado, la transparencia documental y la apertura de archivos minimizan malentendidos y erosionan conspiraciones. Por otro, la elaboración cuidadosa de representaciones públicas y la inclusión de comunidades locales en la concepción de rituales reduce la posibilidad de ofensas y de apropiaciones retóricas. En la práctica, la lección fue doble y práctica: publicar más y planificar mejor.

Un mapa regional donde se trazan las trayectorias: un túnel que atraviesa los Alpes, un anillo subterráneo que recorre valles, y sobre ese mapa palabras escritas a mano —tránsito, trabajo, inauguración—. Las letras no constituyen pruebas; son claves para leer una época. Las infraestructuras producen efectos prácticos y símbolos. Confundir una cosa con la otra es caer en la mitología; comprender la relación entre ellas es aprender a gestionar la técnica en democracia. Esa es la tarea, no de deshacerse de la imaginación, sino de convertirla en diálogo informado.

Capítulo 44: La anticipación del riesgo

LA PROPUESTA DE QUE la consciencia pueda tener un sustrato cuántico suena, a primera escucha, como una audacia teórica destinada a provocar y a fascinar. Sin embargo, lejos de ser un simple ejercicio de imaginación, la teoría Orch-OR —orquestada reducción objetiva— representa un intento sistemático y articulado de enlazar dos dominios que normalmente la ciencia separa: la física cuántica, con su lenguaje de coherencias y colapsos, y la neurobiología, con su lenguaje de redes, sinapsis y electroquímica. Sus autores principales, Roger Penrose y Stuart Hameroff, postularon que ciertos microprocesos en las neuronas —específicamente en los microtúbulos— podrían sostener estados cuánticos coherentes cuya reducción objetiva daría lugar a eventos mentales: puntos discretos de experiencia que, orquestados, constituirían la corriente de la consciencia.

Los microtúbulos son, desde el punto de vista celular, elementos del citoesqueleto: tubos proteicos formados por dímeros de tubulina que organizan la arquitectura celular, facilitan transporte intracelular y participan en procesos de división. Hameroff destacó, sin embargo, que más allá de esas funciones mecánicas y logísticas, los microtúbulos poseen propiedades bioquímicas y estructurales —canales internos, arreglos geométricos repetitivos y cargas eléctricas distribuidas— que podrían, en principio, facilitar fenómenos de coherencia cuántica a escala molecular. La hipótesis Orch-OR plantea dos ingredientes principales: primero, que microtúbulos o dominios subneuronales pueden mantener estados cuánticos coherentes el tiempo suficiente; segundo, que la reducción de esos estados —una "colapsación" objetiva propuesta por Penrose, vinculada a gravedad cuántica— constituye un evento que tiene correlato con un contenido consciente.

En 2024 surgieron reportes experimentales que hicieron resurgir el interés por la relación entre microtúbulos y conciencia, aunque con cuidado metodológico. Varios grupos publicaron estudios en modelos celulares y en sistemas biofísicos que investigaban la interacción de anestésicos comunes con la dinámica de microtúbulos y con la polimerización de tubulina. Estos trabajos documentaron efectos medibles: anestésicos que alteraban la estabilidad de los microtúbulos, cambios en la dinámica de ensamblaje y en propiedades de vibración de redes proteicas en condiciones experimentales. Los resultados fueron presentados como indicios de que los agentes que producen pérdida reversible de consciencia actúan, al menos en parte, sobre estructuras microtubulares, ofreciendo así una posible vía para que la actividad subcelular influya en estados mentales.

Es importante subrayar la naturaleza preliminar de estas evidencias. Los informes se apoyaron en ensayos in vitro y en modelos celulares controlados, con concentraciones y condiciones que no siempre reproducen fielmente el ambiente caliente y húmedo del cerebro vivo. En algunos experimentos se observaron efectos consistentes, en otros la reproducibilidad fue más débil; los autores mismos insistieron en la necesidad de replicación, en la diversidad de protocolos y en la cautela interpretativa. Si hay algo que une a la mayoría de estos estudios es la formulación de hipótesis razonables: que ciertos anestésicos pueden interferir con la dinámica de microtúbulos y que, si esa interferencia tiene impacto en procesos de integración neuronal, podría contribuir a la pérdida de la experiencia consciente. No es lo mismo, en modo alguno, que demostrar que la consciencia emerge de la física cuántica en microtúbulos.

Las objeciones teóricas son potentes y han venido de físicos y neurocientíficos con peso. El argumento más conocido es el planteado por Max Tegmark a principios de este siglo: la decoherencia —la rápida pérdida de estados cuánticos coherentes por efecto del acoplamiento con el entorno térmico— ocurre en escalas de tiempo extremadamente cortas en sistemas biológicos cálidos. Tegmark calculó tiempos de decoherencia que, según sus estimaciones, serían muchos órdenes de magnitud más cortos que los requeridos para cualquier proceso cognitivo significativo. Si las coherencias cuánticas en microtúbulos se desvanecen en femtosegundos o menos, no podrían sostenerse para producir eventos mentales que son mucho más lentos. Esta crítica no es un reproche ad hominem: obliga a cualquiera que proponga un sustrato cuántico de la consciencia a mostrar mecanismos de protección contra la decoherencia o a proponer modelos donde las escalas temporales sean compatibles.

A esa objeción se han contrapuesto defensores de Orch-OR que apuntan a posibles mecanismos de protección microscópica: microambientes reducidos, sincronías térmicas, acoplamientos colectivos y modos de vibración que, en principio, podrían extender tiempos de coherencia. La idea de "microespacios protegidos" —lugares dentro de la célula con características físicas especiales— aparece repetidamente en la discusión. Otros sugieren que no es necesario mantener coherencias macroscópicas durante el tiempo completo de una experiencia; quizá basten procesos ultrarrápidos cuya suma temporal produzca fenómenos a escalas biológicas superiores. Pero estas explicaciones, hoy, siguen siendo especulativas y demandan evidencia empírica robusta: mediciones directas de coherencia cuántica sostenida en microtúbulos in vivo, con trazas reproducibles y controles estrictos.

Metodológicamente, avanzar exige retos técnicos considerables. Detectar coherencias cuánticas en tejido vivo implica instrumentos sensibles, aislación y protocolos de control que no dañen la célula. Los ensayos de anestesia sugieren correlaciones prometedoras —anestésicos que modulan propiedades de microtúbulos y, correlativamente, producen pérdida de consciencia—, pero la correlación no es explicación. Para avanzar haría falta un programa convincente: replicaciones multicéntricas, mediciones de tiempos de coherencia in situ, demostración de causalidad directa (por ejemplo, manipular microtúbulos de forma controlada y observar efectos reproducibles sobre correlatos neurofisiológicos de consciencia), y modelos teóricos que expliquen cómo procesos cuánticos ultrarrápidos pueden integrarse en procesos cognitivos más lentos sin perder coherencia funcional.

Las implicaciones filosóficas de la hipótesis Orch-OR son profundas y alimentan tanto entusiasmo como inquietud. Si se hallara evidencia sólida de que la consciencia depende de procesos cuánticos orquestados, se abrirían nuevas preguntas sobre la continuidad entre mente y física. Algunas audiencias han leído esta posibilidad como puente hacia nociones trascendentales: la idea de que la mente tiene fundamentos que remiten a la estructura profunda del cosmos. Es preciso, sin embargo, distinguir entre la implicación científica y las apropiaciones místicas: la demostración de un sustrato cuántico no legitima automáticamente tesis sobre inmortalidad, contacto con "otras dimensiones" o poderes sobrenaturales. La ciencia sigue siendo, incluso entonces, un esfuerzo por describir mecanismos naturales y por someter afirmaciones a verificación.

Por otro lado, la discusión tiene riesgos culturales reales. La tentación de transformar hipótesis científicas incomprobadas en fundamento para discursos esotéricos puede distorsionar la percepción pública. Ya se han dado apropiaciones: narrativas que conectan Orch-OR con experiencias místicas o con terapias milagrosas aparecen en foros alternativos y en propuestas comerciales de dudosa solidez. La comunidad científica, consciente de este peligro, ha procurado mantener fronteras claras: publicar con rigor, evitar afirmaciones extendidas por metáforas y exigir replicación antes de comunicar conclusiones a la sociedad.

En términos prácticos, la investigación sobre anestesia y microtúbulos tiene un valor indiscutible aunque no confirme Orch-OR. Comprender cómo los anestésicos inducen la pérdida de conciencia es, en sí, una cuestión de gran interés clínico: mejorar la seguridad anestésica, comprender efectos secundarios y desarrollar agentes más específicos. Si la intervención sobre microtúbulos resulta ser un componente real y reproducible del mecanismo anestésico, esa información podría abrir vías terapéuticas muy relevantes, independientemente de si la consciencia en su totalidad depende o no de procesos cuánticos. La medicina y la neurociencia avanzan con hallazgos prácticos que no requieren, para su utilidad, resolver las cuestiones filosóficas más profundas.

La conclusión prudente que emerge del estado actual del debate es de modestia y estímulo simultáneos. Modestia: porque las críticas sobre decoherencia siguen en pie y porque las evidencias experimentales que conectan microtúbulos y consciencia son preliminares y debatibles; cualquier afirmación definitiva estaría lejos de la base empírica requerida. Estímulo: porque la hipótesis Orch-OR funciona como provocación fructífera: obliga a neurocientíficos y físicos a converger en experimentos audaces y en metodologías novedosas, a pensar escalas temporales y mecanismos de integración, y a diseñar instrumentos capaces de explorar lo que hoy resulta inaccesible.

Habrá que insistir en tres rutas concretas para que la cuestión avance con rigor: replicación multisede de los hallazgos sobre anestesia y microtúbulos; desarrollo de métodos para medir coherencias cuánticas en sistemas biológicos con mínimas perturbaciones; y modelos teóricos que articulen cómo estados cuánticos ultrarrápidos pueden traducirse en propiedades funcionales coherentes a escalas biofisiológicas. Mientras tanto, la comunidad científica debe continuar comunicando con claridad: distinguir hipótesis especulativas de resultados reproducidos, evitar metáforas que confundan y ofrecer al público una visión honesta de lo que se sabe, de lo que se sospecha y de lo que queda por probar.

Un micrómetro, tubos de ensayo con soluciones de tubulina, un anestésico en dilución y un equipo de espectroscopía calibrado. Junto a ellos, una pizarra con ecuaciones de decoherencia y una nota: "replicar, comprobar, descartar". La nota resume el camino digno: la investigación, especialmente cuando toca los bordes de lo posible, progresa mejor cuando combina audacia teórica con disciplina experimental y con la humildad de quien sabe que las preguntas más grandes requieren pruebas más estrictas.

Capítulo 45: El valor de lo inútil y la curiosidad pura

LAS PUERTAS QUE LA ciencia abre no siempre son solo metáforas: a veces las atraviesan prácticas que ponen en tensión los límites entre experiencia subjetiva y evidencia empírica. En los últimos años, la intersección entre neurociencia y psicodélicos —las sustancias que alteran la percepción y la conciencia, como el DMT y el LSD— ha vuelto a ocupar la atención pública y académica. En el contexto del CERN y de otras comunidades científicas de alta intensidad intelectual, la discusión acerca del uso de enteógenos para "explorar dimensiones extra" o para potenciar procesos creativos adquirió, por momentos, la apariencia de rumor y, por otros, de hipótesis experimental. Este capítulo traza con detalle la cartografía de ese fenómeno: la experiencia subjetiva, los hallazgos neurocientíficos, los límites de la evidencia, las implicaciones éticas y las prácticas, formales e informales, que surgieron alrededor.

Empecemos por la experiencia: quienes toman DMT o LSD describen, con una consistencia notable en ciertos rasgos, estados que se desvinculan de la narrativa ordinaria. Los relatos más frecuentes hablan de geometrías visuales complejas, de sensaciones de "transcensión" —pérdida del yo como centro— y de encuentros con entidades o "presencias" que parecen impartir un sentido. Los términos con que se narran esas vivencias varían: algunos prefieren hablar de metáforas, otros de encuentros simbólicos, y una minoría afirma que la experiencia es ontológicamente real —es decir, que la entidad encontrada existe fuera de la mente. Esa heterogeneidad de interpretaciones es central: la fenomenología de los enteógenos contiene patrones compartidos, pero su significado final es un terreno de disputa entre psicólogos, filósofos y los propios experimentadores.

Neurocientíficamente, los estudios contemporáneos ofrecen pistas sobre los correlatos de esas experiencias. Ensayos controlados con psicodélicos clásicos han mostrado que, bajo efecto, la conectividad funcional entre redes cerebrales cambia: la Red por Defecto —asociada al sentido perdurable del yo— se descohesiona, mientras que aumentan correlaciones globales entre áreas que normalmente están segregadas. Esa "aumento de entropía neural" se ha interpretado como la base de la sensación de mayor apertura perceptiva y del flujo asociativo que precipita insights creativos o experiencias de unidad. En términos simples: el cerebro en estado psicodélico parece ensayar conexiones que fuera de ese estado no se dan con la misma facilidad, lo cual produce experiencias novedosas y a veces profundas.

El DMT (dimetiltriptamina), presente en varias plantas y también producido en pequeñas cantidades por el organismo, es particularmente conocido por su intensidad y brevedad: la experiencia DMT suele ser corta —minutos— y altamente inmersiva. El LSD, por su parte, produce estados prolongados, de horas, donde la percepción sensorial se distorsiona y la cognición se reorganiza de manera sostenida. En ambos casos la neurofisiología muestra patrones compartidos: desinhibición en circuitos corticales, modulación de receptores serotoninérgicos (5-HT2A), y cambios en la dinámica de oscilaciones cerebrales. Esos datos son intrigantes, pero no son en absoluto una explicación total de la experiencia ni una certificación de que "otras dimensiones" hayan sido visitadas; son correlatos: cuando la experiencia ocurre, el cerebro exhibe estas firmas medibles.

En los laboratorios, algunos equipos exploraron la relación entre anestesia, microtúbulos y sustancias psicodélicas en contextos controlados, con la cautela que exige la investigación humana. Esos estudios contribuyeron a mapear cómo los estados alterados de consciencia modulan la entropía neural y la integración funcional.

Sin embargo, trasladar esos hallazgos a la afirmación de que los enteógenos "permiten acceder a dimensiones extra" es un salto interpretativo: la ciencia describe cambios en patrones de actividad cerebral y relaciones funcionales; la interpretación ontológica de esos estados pertenece a otra esfera de discurso —filosófica, religiosa o personal— que la evidencia empírica no decide por sí misma.

En el entorno del CERN se generaron rumores y anécdotas que, aunque no documentadas científicamente, merecen atención porque reflejan la cultura y las tensiones del campus. Se habló, en pasillos y cafés, de microdosis utilizadas informalmente por algunos individuos como "herramienta de creatividad" para afrontar problemas teóricos complejos o visualizar patrones en datos masivos. Otras historias más coloridas mencionaban "retreats" no oficiales donde se discutía geometría y cosmología bajo estados alterados. Es importante distinguir: ninguna de estas prácticas formales estaba avalada por la institución; en muchos casos eran actividades privadas, no supervisadas, y, en algunos países, ilegales. Para quien investiga, la existencia de tales relatos es indicio de una presión cultural: la búsqueda de atajos creativos en ambientes hipercompetitivos. Pero para la institución implicaba riesgos: seguridad, integridad de la investigación y responsabilidad legal.

Las evidencias sobre la capacidad de los enteógenos para "aumentar la creatividad" son sugerentes, pero no concluyentes. Estudios experimentales controlados han registrado aumentos en medidas de fluidez asociativa, divergencia creativa y revalorización de ideas después de experiencias psicodélicas, especialmente cuando se integran con procesos terapéuticos o de reflexión dirigida. Sin embargo, los efectos dependen de variables críticas: set y setting (la actitud y el entorno), dosis, apoyo psicológico y contexto posterior. La creatividad no se induce mecánicamente por una molécula; requiere sostenimiento, integración y trabajo posterior para traducir intuiciones evocadas en resultados verificables. En otras palabras, un insight percibido en estado alterado puede ser intenso, pero su validez científica requiere traducción disciplinada y verificación.

Los riesgos, por su parte, son reales y variados. Psicológicamente, el uso recreativo o no supervisado puede desencadenar ansiedad extrema, estados psicóticos en personas predispuestas, o persistencias perceptivas perturbadoras (p. ej., trastorno perceptual persistente por alucinógenos). Desde el punto de vista profesional, el uso de sustancias en el trabajo plantea problemas de seguridad operacional en entornos donde la precisión es crítica: un técnico bajo la influencia puede poner en riesgo procedimientos de alto voltaje, criogénicos o de seguridad. Además, la estigmatización y la ilegalidad en muchos países complican la gestión: la institución debe proteger la seguridad y la legalidad, y no puede permitirse prácticas no reguladas que comprometan la integridad física y jurídica.

La ética y la legalidad son, por tanto, pilares no negociables. El CERN y otras instituciones similares han adoptado posturas claras: no promover ni permitir el consumo de sustancias psicoactivas en ámbitos laborales; ofrecer, en cambio, información sobre riesgos y acceso a recursos de salud mental; y, en espacios de investigación clínica estrechamente regulada y con aprobaciones éticas, apoyar estudios que exploren aplicaciones terapéuticas de psicodélicos bajo protocolos rigurosos y supervisión profesional. Esa diferencia —entre investigación regulada y uso privado— es crucial. Donde la evidencia se construye mediante ensayos randomizados, dosis controladas y consentimiento informado, la sociedad puede evaluar riesgos y beneficios; donde el uso es clandestino, la respuesta institucional debe ser prevención y protección.

El debate sobre el uso de enteógenos para "explorar dimensiones extra" tiene otra dimensión: la filosófica y cultural. Algunas corrientes interpretan las experiencias místicas inducidas por psicodélicos como acceso a realidades transpersonales o espirituales; otras las ven como fenómeno emergente de redes neuronales que producen sentidos intensos. Ambas interpretaciones explican por qué la temática seduce: muchas personas buscan experiencias que trasciendan la rutina y que ofrezcan sentido profundo. La tarea de la ciencia es describir mecanismos y efectos, sin invalidar los valores personales de quienes encuentran significado en esas vivencias; la tarea de la ética pública es garantizar que las prácticas se desarrollen en condiciones seguras, informadas y justas.

En el terreno médico y terapéutico la investigación reciente ofrece un horizonte prometedor. Ensayos con psilocibina y MDMA han mostrado eficacia en trastornos resistentes al tratamiento, y se han desarrollado protocolos que integran psicoterapia y dosis controladas con resultados que merecen atención. Si esas líneas proliferan, podrían transformar ámbitos como la depresión resistente o el trastorno por estrés postraumático. Pero cada avance clínico viene con advertencias: reproducibilidad, selección de pacientes, efectos a largo plazo y la necesidad de sistemas de formación para terapeutas especializados.

Volviendo al ámbito del CERN, la lección institucional fue doble y práctica. Primero, la necesidad de protocolos claros: prohibiciones en el lugar de trabajo, soporte en salud mental y políticas de no discriminación para quienes busquen ayuda. Segundo, la apuesta por la investigación responsable: apoyar o colaborar con estudios clínicos rigurosos sobre estados alterados únicamente cuando estos cumplan criterios éticos y regulatorios estrictos, evitando la tentación de experimentación no supervisada en entornos laborales. En ese equilibrio la institución protege tanto la integridad científica como la salud de su comunidad.

Conviene resumir con prudencia: las sustancias enteogénicas ofrecen ventanas poderosas sobre estados subjetivos de la mente humana y han mostrado potencial terapéutico en investigaciones controladas. No constituyen, sin embargo, atajos místicos hacia "otras dimensiones" verificables científicamente; las experiencias profundas que producen conforman un fenómeno humano real que merece respeto y estudio, pero cuyo significado ontológico excede a la evidencia empírica hasta que no se someta a pruebas replicables. En ambientes como el CERN, donde la seguridad, la legalidad y la integridad científica son esenciales, la aproximación responsable implica diferenciar cuidadosamente entre investigación ética y prácticas privadas no supervisadas, priorizar la formación y la salud y evitar la romantización de prácticas que, sin cuidados adecuados, pueden ser riesgosas. La curiosidad, en suma, debe combinar audacia con disciplina: explorar la mente y sus límites es legítimo, pero hacerlo con rigor metodológico y con respeto por las reglas que sostienen la convivencia científica es la única vía que asegura avances sostenibles y seguros.

Capítulo 46: La ambigüedad de la cinta metálica

EL RUMOR NACIÓ EN UN foro oscuro y, casi instantáneamente, se hizo viral: alguien había filtrado —o inventado con maestría— la idea de que la potencia de cálculo de la Grid del CERN estaba siendo empleada no sólo para procesar colisiones de partículas sino para analizar señales cerebrales de personas en sueño con la supuesta finalidad de detectar patrones compartidos y, más aún, "sincronizarlos" mediante algoritmos de IA. La versión más conspiranoica añadía una metáfora cuántica: que la infraestructura de cómputo permitía un "entrelazamiento onírico" entre sujetos distantes. Lo que empezó como broma entre foros se transformó en expectativa pública y en inquietud para quienes trabajan en Meyrin: la confusión entre capacidad técnica real y fantasía tiene consecuencias prácticas y reputacionales.

Para entender por qué la rumorología encontró un terreno fértil hay que decir dos cosas con honestidad. Primera: el CERN efectivamente dispone de recursos de cómputo extraordinarios, concentrados en la Worldwide LHC Computing Grid (WLCG), una federación global de centros que procesan petabytes diarios de datos experimentales. Segunda: la idea de que la inteligencia artificial pueda analizar señales cerebrales no es propiamente fantástica: existen campos enteros —neurociencia computacional, BCI (brain-computer interfaces), machine learning— que exploran correlaciones entre patrones eléctricos del cerebro y contenidos perceptivos o motores. La conjunción de esos dos hechos —grandes capacidades de cálculo por un lado y progreso neurocomputacional por otro— fue suficiente para que la imaginación saltara de la posibilidad técnica a la narrativa de control onírico.

Pero la distancia entre posibilidad técnica y realidad practica es abismal. Para empezar, lo que el rumor describe implica una cadena de requerimientos empíricos que hoy son impracticables a la escala sugerida. Detectar "patrones de sueño" comparables entre sujetos exige recolección de señales neurológicas de alta resolución (EEG, MEG, idealmente fMRI) realizadas en condiciones controladas, con consentimientos informados, calibraciones individuales y grandes cohortes acompañadas por metadatos clínicos y fenoménicos. Estos datos son extremadamente sensibles: contienen información biométrica, salud mental y rasgos personales. Su recolección y uso están regulados por marcos legales (GDPR en Europa) y por comités de ética; no pueden ser transferidos o procesados libremente en una Grid científica de propósito ajeno sin protocolos jurídicos y consentimiento explícito.

En segundo lugar, la calidad del señal y la naturaleza del "contenido" onírico limitan severamente lo que los algoritmos pueden inferir. Decodificar sueños —es decir, traducir directamente un patrón de EEG en una narrativa onírica con fidelidad— es hoy una tarea en estado incipiente; existen experimentos que reconstruyen imágenes visuales a partir de actividad durante vigilia en condiciones muy controladas y con modelos entrenados sobre imágenes presentadas repetidamente al sujeto, pero esos enfoques requieren fMRI de altísima resolución, conjuntos de datos inmensos y entrenamiento individualizado. Los sueños, siendo intensamente personales, simbólicos y no repetitivos, se resisten a ese tipo de codificación. Decir que una IA puede "sincronizar" consciencias o "entrelazarlas" es una metáfora poética: no hay fundamento físico ni computacional para la afirmación en el sentido literal que los rumores promueven.

Tercero, el uso de recursos del CERN no es arbitrario: la WLCG y los centros asociados funcionan bajo políticas muy estrictas de asignación de recursos —Virtual Organizations (VOs)— que reservan tiempo de CPU y almacenamiento para proyectos concretos y revisados por comités técnicos y de política. Las tareas de cómputo para proyectos biomédicos o neurocientíficos requieren acuerdos institucionales, cumplimiento de garantías de privacidad y, en muchos casos, infraestructuras separadas para proteger datos sensibles. No hay, portanto, una puerta de acceso libre a la Grid para experimentos de neurociencia. Cualquier proyecto de ese tipo exigiría aprobaciones múltiples, contratos y, sobre todo, una revisión de seguridad y de privacidad que no se puede simular en un meme.

A estas consideraciones técnicas y legales se suman razones operativas y éticas que explican la tibieza institucional frente al rumor. El CERN, como organismo internacional, debe garantizar no sólo el cumplimiento jurídico sino la confianza pública. Esto implica: (a) transparencia sobre los usos autorizados de su cómputo; (b) prevención de prácticas que puedan vulnerar datos personales; (c) protocolos para detectar y responder a intentos de uso indebido de recursos; y (d) comunicación clara para contrarrestar desinformaciones. La institución sabe que la ambigüedad nutre conspiraciones; por eso ha desarrollado una política de inventario público de proyectos de cómputo y de procesos de autorización para nuevos usos que impliquen datos sensibles.

El rumor, además, abrió una discusión legítima: ¿qué puede y debe hacer una gran instalación científica con su capacidad de cómputo cuando la sociedad demanda soluciones en biomedicina y otras áreas? La respuesta institucional ha sido multi-pliegue. Por un lado, promover la colaboración con otros centros y universidades a través de acuerdos formales que permiten el uso de capacidad en proyectos biomédicos sólo si cumplen estándares éticos y legales. Por otro, diversificar infraestructura: distinguir claramente entre grids abiertas para datos científicos públicos y enclaves especializados con seguridad reforzada para datos personales. Esa segmentación técnica y contractual es clave para permitir la colaboración interdisciplinaria sin comprometer la privacidad ni la misión original del laboratorio.

También es cierto que la rumorología puso de relieve brechas comunicativas. Una institución técnica que dispone de cantidades masivas de computo y que no comunica públicamente la lista de proyectos en cola y los criterios de asignación crea un vacío que la imaginación llena. Frente a ello, la lección fue práctica: el CERN amplió su inventario público de proyectos de cómputo (qué VOs usan qué recursos y con qué finalidad general), publicó guías sobre cómo solicitar tiempo de CPU y lanzó una plataforma de "mapa de proyectos" accesible al público que explica, en lenguaje transparente, qué tipos de datos son compatibles o no con su infraestructura. La transparencia reduce la sospecha.

Aun así, hay otras vetas de disputa cultural. Las redes sociales alimentan la idea de que la tecnología puede hacer todo; la neurociencia populariza logros técnicos fuera de contexto; el cine y la ficción mezclan argumentos convincentes que, sin pruebas, resultan seductores. El rumor sobre IA que decodifica sueños es síntoma más que causa: síntoma de una sociedad fascinada por la promesa de saberlo todo y preocupada por la pérdida de privacidad. La respuesta institucional no solo requiere pruebas técnicas y marcos jurídicos sino humildad comunicativa: explicar límites, procesos, tiempos de validación y riesgos reales.

En un plano operativo, la institución asumió medidas concretas para mitigar riesgos y aprovechar la conversación para algo constructivo. Se acordó un paquete de acciones:

1) Inventario público de cargas de trabajo y VOs, con transparencia sobre qué sectores usan la grid y con qué propósitos generales;

2) Política de no procesamiento de datos personales sensibles sin acuerdos explícitos, comités de ética y enclaves sancionados;

3) Línea de comunicación para noticias virales donde la institución responde en tiempo real con evidencia verificable;

4) Fomento de proyectos interinstitucionales en neurotecnología que cumplan con GDPR y con comités de ética, y que usen recursos dedicados y segregados de la Grid principal;

5) Programas de divulgación sobre límites de la IA en decodificación mental y sobre cómo leer noticias científicas con espíritu crítico.

El rumor implicó también un componente narrativo que la institución explotó de manera pedagógica: organizar sesiones públicas con neurocientíficos y expertos en ética digital donde explicaron en términos asequibles qué puede inferir la IA hoy de señales cerebrales y qué no. Esas sesiones tuvieron doble efecto: educar al público y mostrar la voluntad institucional de dialogar.

La potencia tecnológica exige responsabilidad social. El hecho de que una organización disponga de cómputo potente no la autoriza a asumir fuera de normas ni a devenir caja negra. La Gran Ciencia debe funcionar con apertura y con límites claros. Los rumores sobre "IA que sincroniza sueños" son útiles en la medida en que obligan a las instituciones a clarificar políticas, a abrir su trabajo a la sociedad y a fortalecer marcos éticos. El antídoto contra la desinformación no es la negación displicente sino la exhibición responsable de procesos, procedimientos y valores.

La última imagen del capítulo es deliberada: una pantalla con un mapa de cargas de trabajo, nodos marcados en verde y en rojo, y una etiqueta grande: "Proyectos en curso — Datos personales: no permitido sin permiso ético". Al lado, una sala de conferencias donde expertos responden preguntas del público. No cierra la discusión sobre la seducción de la tecnología, pero resume el gesto necesario: combinar capacidad técnica con transparencia, regulación y conversación pública para que lo posible no se confunda con lo permitido y para que la imaginación colectiva encuentre en la ciencia no un secreto temible sino un proceso controlado y en diálogo con la sociedad.

Capítulo 47: El resto indecible

LA MAÑANA EN QUE ESTALLÓ la invasión, la rutina del campus no lo supo de inmediato. Las primeras noticias llegaron como un murmullo entre pantallas: imágenes de columnas de vehículos, comunicados oficiales, llamadas familiares. Para muchos que trabajaban en Meyrin la política internacional había sido hasta entonces un telón que la ciencia cruzaba con naturalidad; la cooperación del CERN había sido, en múltiples ocasiones, ejemplo de que la física podía ser puente entre estados en conflicto. Lo que siguió mostró con crudeza que ese puente es frágil y que, cuando la política se torna abierta agresión, la diplomacia científica puede resultar insuficiente.

Las primeras reacciones institucionales fueron de conmoción y de una prudencia que buscaba equilibrar principios. El Consejo del CERN, compuesto por delegados de los Estados miembros, se reunió de urgencia. En días marcados por la presión mediática y por la expectación de ministros, el organismo tuvo que decidir entre mantener canales de diálogo que históricamente habían salvado cooperación transnacional y adoptar medidas que respondieran a la realidad política y humanitaria que se desplegaba en Europa del Este. La tensión no fue meramente técnica: era, en esencia, una cuestión de legitimidad política, de cumplimiento de sanciones internacionales y, también, de solidaridad con colegas afectados por la guerra.

La decisión que tomó el Consejo fue la de suspender determinadas formas de colaboración formal con instituciones y científicos afiliados a las entidades estatales implicadas en la agresión. No se trató de expulsiones masivas ni de un corte absoluto de comunicación científica; fue, en cambio, una suspensión cuidadosamente delimitada: restricciones a la participación en proyectos institucionales financiados por el propio CERN, límites al acceso físico a instalaciones críticas y la revisión de acuerdos que implicaran transferencia de tecnologías sensibles. La intención política oficial fue doble: cumplir con el marco jurídico internacional y preservar la misión del laboratorio en un entorno donde la neutralidad operativa se había vuelto insostenible frente a un conflicto armado.

Lo que la decisión implicó en la práctica fue complejo y doloroso. Muchos científicos rusos y bielorrusos —investigadores con estancias, colaboradores en proyectos y coautores de papers— se encontraron en una situación doblemente precaria: por un lado, la imposición de restricciones administrativas que afectaban sus colaboraciones y, por otro, la pérdida simbólica de pertenencia a redes que, hasta entonces, les habían correspondido como colegas. Para ellos la ciencia no era una herramienta estatal sino modo de vida; para sus colegas occidentales, la ruptura supuso dolor por la separación de amistades y de trayectorias profesionales compartidas por años.

A escala técnica, los efectos fueron reales y no siempre inmediatos de solventar. Proveedores y laboratorios en Rusia habían contribuido con componentes especializados, con piezas de instrumentación y con experiencia en áreas concretas. La imposibilidad práctica de continuar contratos o de recibir entregas complicó calendarios: pruebas aplazadas, ajustes de diseño para sustituir proveedores y la necesidad de rediseñar cadenas de suministro en condiciones de urgencia. En algunos proyectos concretos, la ausencia de expertos rusos —especialmente en nichos de superconductividad o electrónica— supuso una pérdida de know-how que no se reemplaza de la noche a la mañana. La ciencia, que depende de piezas tanto como de personas, lo sintió.

Pero la ruptura no fue solo técnica; tuvo, también, una dimensión humana y solidarizadora. El CERN implementó medidas de apoyo a científicos ucranianos y a sus familias: programas de alojamiento temporal, exenciones para visas y acreditaciones, acceso prioritario a recursos de computación y la creación de fondos de emergencia para permitir la continuidad de trabajos de investigación que hubieran sido interrumpidos por la guerra. Se organizaron colectas internas y se ofreció asistencia administrativa para reubicar personal desplazado. Esas acciones, más que mitigaciones operativas, fueron gesto moral: la institución usó su capacidad logística para mantener a la comunidad científica en movimiento frente a la desintegración del entorno civil.

La decisión generó debates intensos dentro y fuera del laboratorio. Un sector defendió la medida como coherente con sanciones internacionales y necesaria para no normalizar la agresión; otro sector lamentó la dimensión punitiva hacia individuos que, en muchos casos, no habían sido parte de la maquinaria política. Algunos argumentaron que la ciencia debía permanecer por encima de la política y conservar canales abiertos; otros sostuvieron que la ciencia no es un territorio transnacional que existe fuera de la política: la soberanía, la regulación y la ética internacional pesan y exigen respuestas. El debate no fue meramente académico: tocó la credibilidad del CERN como institución que dice representar valores humanistas y que, al mismo tiempo, depende de financiamiento estatal y de legitimidad política.

En la práctica, ello condujo a la creación de protocolos de evaluación caso por caso. No todas las personas o entidades fueron tratadas igual; se distinguió entre universidades y organismos civiles por un lado y centros vinculados a estructuras militares o que pudieran vulnerar sanciones por otro. Se ofrecieron, además, mecanismos para que científicos afectados apelaran decisiones y presentaran casos de colaboradores que debían ser preservados a causa de su situación personal o por su postura pública contra la agresión. Fue un intento de equilibrar justicia con humanidad, aunque imperfecto y siempre sujeto a tensiones políticas.

La ruptura reconfiguró asimismo las prácticas de diplomacia científica que durante décadas se habían visto como terapéuticas frente a los traumas históricos. El simbólico Simposio de 1956, que había mostrado que físicos de bloques opuestos podían dialogar con vodka en mesas comunes, quedó como recuerdo de que la ciencia puede crear canales de confianza. La invasión de 2022 mostró la limitación de esas estrategias: la herramienta del contacto personal funciona en tiempos de frío y desconfianza, pero puede ser insuficiente frente a agresiones políticas claras. La lección amarga fue que la cooperación científica no es vacuna frente al supuesto "imperativo moral" de la política: la esfera de la investigación no puede inmunizar a la sociedad de las consecuencias de una guerra.

A mediano plazo, la ruptura dejó huellas. Redes de colaboración que habían funcionado décadas quedaron rotas; proyectos se ralentizaron y ciertas líneas de investigación perdieron dinamismo. La reversión de esa fractura será lenta y dependerá de factores políticos que van más allá de la buena voluntad de académicos. No obstante, hubo también aprendizajes institucionales: reforzar la diversificación de proveedores, diseñar planes de contingencia para recursos críticos, ampliar redes de apoyo para científicos en riesgo y clarificar protocolos de cooperación que consideren escenarios de conflicto.

El costo humano es, quizás, la narrativa más dolorosa. Colegas que antes compartían cafés y tarjetas de visita se vieron separados por pasaportes y sanciones; familias que trabajaban en proyectos transnacionales fueron dispersadas; estudiantes y técnicos quedaron sin oportunidades educativas estables. El impacto en la carrera profesional de muchos es de largo aliento: la ruptura de redes puede significar la pérdida de mentores, de acceso a datos, de capacitación práctica y, en varios casos, de visibilidad académica. Para la ciencia no es una pérdida menor: el conocimiento se construye en redes relacionales, y el deshilachado de esas redes reduce la capacidad de innovación.

En una mesa del CERN, banderas discretas, dos tazas de café, papeles con planos y, sobre la pared, fotografías de científicos de distintas épocas que trabajaron juntos pese a fronteras políticas. Al lado, un sobre con correos de emergencia de colegas desplazados. La escena sintetiza una verdad incómoda: la ciencia puede construir puentes, pero esos puentes no son inmunes a la violencia y a la decisión política. La recuperación exigirá, además del tiempo técnico, un ejercicio de reparación social y político que devuelva a la ciencia su condición de espacio de colaboración sin renunciar a la exigencia ética que la realidad política impone.

Capítulo 48: El límite de nuestras ecuaciones

LA PRESENTACIÓN DEL proyecto llevaba en su título la promesa y el vértigo: Future Circular Collider, el anillo que soñaba con multiplicar por varias veces la energía disponible en el LHC y con convertir a Europa en el escenario de una nueva era experimental. En las salas de diseño y en los despachos ministeriales la idea se formuló con prudencia y con ambición: un túnel de cien kilómetros que, aprovechando en parte la experiencia del anillo anterior, abriera una ventana hacia energías de colisión del orden de decenas de TeV en el centro de masas. Era una apuesta estratégica: empujar la frontera, construir un "Higgs factory" de precisión y, en el proceso, forjar tecnologías que podrían transformar industrias enteras.

La cifra de 100 kilómetros no era caprichosa sino resultado de cálculos de física y geografía. Alcanzar 100 TeV en el centro de masas requiere, a falta de un salto cualitativo desconocido, imanes de altísimo campo o una circunferencia enorme para repartir curvaturas. La propuesta del FCC combinaba ambas estrategias: desarrollar imanes de nueva generación con campos superiores a los de NbTi actuales —investigando Nb3Sn y soluciones con superconductores de alta temperatura (HTS)— y trazar un anillo suficientemente grande como para reducir las exigencias de campo por unidad de curvatura. En la pantalla de los proyectistas, la línea del circuito trazaba un óvalo que circundaba franjas rurales, cruzaba infraestructuras y exigía acuerdos transfronterizos, con estudios geológicos que medirían roca, fallas, niveles freáticos y empleo posible de TBMs (tuneladoras gigantes).

Las implicaciones técnicas eran abrumadoras. En primer lugar, la magnetotecnia: imanes con campos superiores demandan materiales nuevos y procesos industriales que hoy están en I+D. Nb3Sn permite mayores campos que NbTi, pero es más frágil y exige técnicas de fabricación distintas; los cables deben trabajarse con tolerancias micrométricas, los empalmes son críticos y la protección térmica ante quenches incorpora nuevos retos. Además, la criogenia sería extrema no tanto por temperatura baja —dosificación similar a LHC en algunos esquemas— sino por la magnitud del sistema: más kilómetros de criogenic piping, plantas de helio de enorme capacidad, requisitos de redundancia y protocolos de seguridad capaces de manejar contingencias a escala inédita.

El segundo gran desafío fue energético. Un coloso de 100 km consumiría cantidades de electricidad que obligarían a pensar en sostenibilidad: acuerdos con redes nacionales, posibilidad de fuentes renovables dedicadas, baterías de respaldo y estrategias de mitigación de huella de carbono. El argumento técnico se entrelazó con una obligación política: no era prudente pedir a gobiernos inversiones masivas sin mostrar que el proyecto podía incorporarse a objetivos de transición energética. Surgieron, de inmediato, propuestas de integración con parques fotovoltaicos, enlaces de hidrógeno verde para procesos industriales y acuerdos con proveedores de red para gestionar picos y evitar dependencias frágiles.

En el plano del diseño experimental, el FCC no era un sólo colisionador sino un conjunto de posibilidades: variantes que priorizaban un "Higgs factory" como collider electrón-positrón en una fase inicial —un FCC-ee— seguido de una fase hadrónica —FCC-hh—; alternativas lineales discutidas en otros foros; la posibilidad de un staged approach que permitiera obtener resultados tempranos mientras se preparaba la gran máquina final. La opción circular tenía la ventajosa economía de escala y la posibilidad de múltiples detectores, pero obligaba a grandes inversiones iniciales. La opción staged buscaba equilibrio: cumplir objetivos científicos tempranos y mantener la confianza política.

El costo fue la pregunta que dominó debates políticos. Las cifras preliminares se contaron en decenas de miles de millones de euros, con matrices de riesgo que mostraban escenarios optimistas y pesimistas. La pregunta de los ministros fue menos técnica que electoral: ¿cómo vender una inversión intergeneracional ante electorados que exigen hospitales y carreteras? Las respuestas trajeron acuerdos innovadores: modelos de cofinanciación que combinaban cuotas estatales, aportes europeos, contratos industriales in-kind y la búsqueda de socios extrarregionales (Estados Unidos, Japón, China, India) en calidad de colaboradores y cofinanciadores. El concepto de "in-kind contribution" —piezas, componentes, servicios industriales— se hizo central: permitiría a industrias nacionales participar en consorcios sin transferir flujos financieros directos inmediatamente, aunque con riesgos de dependencia tecnológica.

La gobernanza del FCC fue cuestión de equilibrios. La experiencia del CERN mostró que la dirección técnica precisa legitimidad política y que la soberanía nacional se defiende a través de cuotas y representación. Por ello, se diseñaron modelos de gobernanza que combinaban consejo ministerial con comités científicos autónomos: un órgano político que asigna recursos y un órgano científico que dictamina prioridades técnicas y supervisa excelencia. La gobernanza debía ser transparente para evitar captura: comités externos de auditoría, revisiones periódicas y cláusulas de salida que permitieran reconfigurar el proyecto frente a shocks financieros.

No faltaron críticas y alternativas. Algunos argumentaron que, tras la caída del SSC y las incertidumbres del LHC, la prioridad debía ser diversificar inversiones en ciencia aplicada y en retos sociales —cambio climático, salud pública— en lugar de apostar por colisionadores gigantes. Otros defendieron que la infraestructura construye tecnologías aplicables: superconducción aplicada, criogenia avanzada, sensores y computación a gran escala. La discusión no fue dialéctica simple: entre los partidarios del FCC hubo quienes insistieron en la necesidad de horizonte largo para mantener liderazgo; entre los críticos, la llamada a replantear prioridades en función de justicia social y urgencias inmediatas.

El paisaje local no fue indiferente. Estudios de impacto ambiental y social fueron condiciones inexcusables. Excavaciones de 100 km implican manejo de residuos, afectación de acuíferos, ruidos y tránsito de maquinarias por años. Comunidades locales, alcaldes y asociaciones ecologistas exigieron estudios serios, planes de restauración de terrenos y compensaciones. La política local negoció puestos de trabajo, formación profesional y contratos con empresas regionales para que la obra tuviera beneficios palpables: talleres, centros de investigación asociados, programas de formación técnica y acuerdos de compra pública que favorecieran a industrias locales. La legitimidad del proyecto dependería en buena medida de su "social license to operate": aceptación local basada en beneficios tangibles y mitigación de impactos.

En los talleres de prototipado nació la parte menos visible pero decisiva: el empuje de innovación. Proyectos de I+D se lanzaron en paralelo: cables con mejores tolerancias, imanes prueba con Nb3Sn y diseños experimentales de HTS; control de cryogenia a mayor escala y soluciones de quench protection más eficientes. Universidades y empresas pequeñas participaron en consorcios que les ofrecieron experiencia y contratos. Aquí emergió un rasgo esperanzador: aunque caro, el proyecto sirvió como motor de industrialización de tecnologías avanzadas en siderurgia, electrónica, criogenia y manufactura de precisión. Para muchas firmas locales fue la oportunidad de subir en la cadena de valor, aunque también hubo debates sobre dependencia tecnológica y sobre el reparto de propiedad intelectual.

El debate sobre plazos fue igualmente agudo. La hoja de ruta preliminar planteó etapas: estudios de diseño conceptual en la década de 2020, aprobación financiera en la segunda mitad de la década, construcción en las décadas de 2030–2040 y puesta en servicio en torno a 2040–2050. Esa temporalidad exige visiones intergeneracionales: inversiones que pagarán frutos a hijos y nietos, no inmediatamente. Para las políticas democráticas contemporáneas la pregunta fue compleja: cómo comprometer recursos electorales a largo plazo. La respuesta incluyó medidas de gobernanza que aseguraran contratos plurianuales y mecanismos de reconciliación parlamentaria transitoria para blindar aportes mínimos frente a ciclos políticos.

La dimensión cultural del FCC también tuvo su peso. Para muchos físicos la máquina era símbolo de una fe ilustrada: la convicción de que la curiosidad humana vale la pena y que el conocimiento profundo fertiliza sociedades. Para otros, el proyecto debía adaptarse a imperativos de sostenibilidad y justicia. Ese choque de valores se manifestó en foros públicos: mesas redondas donde se debatió no solo el coste sino la razón de invertir en preguntas fundacionales cuando la humanidad enfrenta retos existenciales. En esas discusiones se destacó una verdad práctica: la investigación fundamental y la innovación aplicada no son opuestos necesariamente; la tensión radica en priorizar recursos, transparencia y en demostrar retornos tangibles y sociales.

El FCC se configuró como prueba política: si las sociedades europeas aceptaban invertir a largo plazo en infraestructuras de frontera, sería señal de confianza en la cooperación internacional y en la capacidad de sostener empresas colectivas. Era, también, desafío técnico para el mundo industrial: construir imanes, cryogenia y detectores a una escala sin precedentes exigiría nuevas economías de escala y cadenas de suministro robustas. Si el proyecto fructificaba, las externalidades tecnológicas serían enormes; si fracasaba, sería lección amarga sobre la fragilidad de apuestas megacosteables.

En un laboratorio de prototipos, estudiantes y técnicos montan un dipolo experimental de Nb3Sn; es pequeño comparado con los que deberá enterrar el anillo de 100 km, pero su montaje resume la ambición: paciencia, precisión y la voluntad de empujar límites técnicos. Al mirar alrededor —planos, pantallas de simulación, manos manchadas de resina y sudor— se vuelve claro que el FCC es, en primer lugar, una apuesta por la continuidad del proyecto humano de preguntar a gran escala. La pregunta que queda en el aire es política y moral: ¿quieren las sociedades pagar ese precio —material y simbólico— por seguir preguntando cuando las respuestas son inciertas y los horizontes largos? El diseño del FCC es, en su fondo, prueba de una fe: creer que vale la pena invertir en la curiosidad organizada, aun cuando el retorno no sea inmediato y cuando la empresa exige coordinación, transparencia y paciencia intergeneracional.

Capítulo 49: Preguntar es humano, responder es colectivo

UN TUIT NO SUELE SER noticia mayor hasta que lo convierte alguien con millones de seguidores en detonante de opinión pública. En este caso, una figura tecnológica de alto perfil lanzó un mensaje que describía, con una mezcla de concesión dramática y metáfora, al acelerador como "tecnología demoníaca" —frase breve, incendiaria, pensada tanto para captar miradas como para provocar reflexión—. Lo que podría haber sido un comentario pasajero adquirió, por la posición del emisor, la capacidad de agitar audiencias globales y obligar a que la discusión sobre el LHC y la Gran Ciencia saliera del ámbito especializado para convertirse en debate cultural y político.

La reacción fue casi inmediata y de múltiples capas. Por un lado, en medios y entre el público general la frase alimentó titulares sensacionalistas: "Magnate acusa al CERN de jugar con fuerzas desconocidas" o "Las élites tecnológicas cuestionan al LHC". Por otro, entre científicos y técnicos del CERN la respuesta fue de indignación profesional acompañada de paciencia didáctica: había, en el comentario, una metáfora retórica, pero también el riesgo real de que una figura con audiencia pueda amplificar miedos infundados y erosionar confianza pública. La dirección respondió con precisión: un comunicado explicando qué hace la máquina, cuáles son los mecanismos de seguridad, qué dicen las estimaciones teóricas y cómo la ciencia misma se somete a revisiones independientes de riesgo.

La aparición pública de mensajes de ese tipo no fue un episodio aislado, sino la punta de un fenómeno mayor: la tensión entre narrativas de grandes empresarios tecnológicos y las comunidades científicas académicas. Empresarios de la tecnología, con proyectos de colonización espacial, inteligencia artificial y neurotecnologías, promueven visiones del futuro que a menudo concentran optimismo técnico y espíritu de riesgo. Para algunos, la ciencia "fundamental" es campo aliado; para otros, es competencia por talento e inversión. En ese contexto, calificativos apocalípticos sobre infraestructuras públicas pueden obedecer a preocupaciones honestas, a cálculo retórico o a estrategias de posicionamiento público. La frase de una celebridad tecnológica funcionó así como un fósforo: prendió el debate.

No faltaron quienes aprovecharon el comentario para polemizar políticamente. Partidos críticos con inversiones en ciencia básica lo usaron como argumento para reorientar presupuestos hacia prioridades sociales más inmediatas; voces anti-tecnológicas reeditaron lemas apocalípticos; grupos conspirativos tradujeron la metáfora en supuesto libreto de alarma global. Frente a eso, la comunidad científica desplegó una respuesta pedagógica rápida: seminarios abiertos, FAQs accesibles, vídeos con explicaciones y entrevistas con expertos que desmontaban el imaginario apocalíptico con datos y analogías comprensibles. La tarea fue doble: corregir inexactitudes técnicas y, al mismo tiempo, restituir confianza en el procedimiento de evaluación de riesgos.

Más interesante fue la reacción dentro de los círculos tecnológicos y económicos. Algunos colegas del emisor guardaron silencio o moderaron palabras; otros, en cambio, respaldaron la expresión como parte del rol público que, según ellos, los líderes tecnológicos deben asumir: provocar debate sobre riesgos emergentes y obligar a la sociedad a pensar consecuencias. Esa defensa del papel provocador de los empresarios tiende a sostener que cuestionar la Gran Ciencia es legítimo y que la vigilancia pública debe ser ejercida por voces diversas. En la práctica, esa convergencia de discursos complejos encendió una discusión sobre quiénes están legitimados para opinar y con qué autoridad.

El incidente abrió, además, una reflexión más amplia sobre la relación entre industria y ciencia. La industria tecnológica ha sido proveedor de componentes esenciales para proyectos de física: sensores, electrónica, computación avanzada. La colaboración no es neutra: comporta dependencia tecnológica, contratos de suministro y, algunas veces, asimetrías de poder. Cuando líderes de la industria hacen declaraciones públicas críticas o alarmistas, no solo cuestionan la actividad científica; involucran a empresas que pueden ser proveedoras estratégicas. En el CERN esa percepción generó prudencia: mantener relaciones industriales necesarias sin dejar de exigir independencia técnica y claridad de evaluación.

A partir de la controversia surgieron diálogos formales entre el laboratorio y actores tecnológicos. Se multiplicaron las mesas redondas donde se discutieron tres ejes: límites éticos de la investigación, mecanismos de comunicación de riesgos y formulaciones de gobernanza internacional para infraestructuras de alto impacto. Esos encuentros sirvieron para mostrar que el conflicto retórico puede reconducirse hacia cooperación práctica: definir estándares de evaluación de riesgos, protocolos de transparencia y canales para que la industria participe sin condicionar agendas científicas. La iniciativa buscó convertir la retórica en oportunidades regulatorias y de diálogo.

Empujó a la reflexión pública sobre el lenguaje. La metáfora de lo "demoníaco" no surge en vacío; hunde raíces en arquetipos culturales que han acompañado la modernidad: la idea de máquinas que transgreden límites y la idea de fuerzas que la técnica no debería tocar. Comprender esa matriz simbólica ayuda a diseñar estrategias de comunicación que no solo informen en términos técnicos, sino que también escuchen miedos profundos y dialoguen con ellos. El trabajo comunicacional del CERN tuvo, desde entonces, dos prescripciones: informar con rigor y escuchar con empatía.

En el frente político hubo consecuencias. Algunos gobiernos exigieron revisiones públicas adicionales de seguridad, solicitando auditorías independientes y la publicación de estudios de riesgos.

Otros defendieron la autonomía científica y recordaron que las decisiones sobre grandes infraestructuras requieren diálogo multilateral y criterios técnicos sostenibles. Para el laboratorio, la consecuencia práctica fue clara: mayor transparencia en documentación técnica, auditorías externas más frecuentes y una agenda de comunicación proactiva que incluyera sesiones informativas para públicos no especializados y la creación de materiales pedagógicos sobre la física de riesgos —qué se puede y qué no se puede hacer técnicamente.

El liderazgo tecnológico, por su parte, salió de la controversia bajo examen público. Algunos analistas criticaron a quienes usan su visibilidad para sembrar alarmas sin sustento técnico; otros defendieron la función de provocación como contribución a la deliberación democrática. En la opinión pública, la polémica sirvió, al menos, para colocar en la agenda el tema de la gobernanza de la tecnología: ¿quién decide los límites de la experimentación? ¿qué papel cumplen la sociedad civil y los representantes políticos en la evaluación de riesgos? El debate, en ningún caso, fue resuelto por un tuit: abrió una discusión que debía proseguir en fórums más complejos.

La polémica ofreció una lección práctica sobre rendición de cuentas y comunicación institucional: en la era de la narrativa rápida, el silencio institucional es riesgo; la reacción defensiva sin claridad es peor. El mejor antídoto no es la retórica científica cerrada sino la transparencia pedagógica y la invitación al diálogo. La respuesta del CERN —explicaciones técnicas accesibles, auditorías externas, foros públicos y el fortalecimiento de la comunicación de riesgo— mostró que una institución científica puede convertir una crisis de imagen en oportunidad de fortalecimiento público.

Una escena simbólica: en un auditorio del CERN, un debate público reúne a un físico, un ingeniero de industria, un filósofo y un representante civil. La mesa trabaja con preguntas simples: ¿qué riesgos reales existen? ¿cómo medimos incertidumbre? ¿quién decide? La conversación no disipa todos los miedos, pero establece un modo de hacer: la tecnología no es demoníaca por sí misma; lo demoníaco aparece cuando la sociedad no logra comprender, participar y decidir. El duelo entre visionarios de la tecnología y custodios de la prudencia técnica es, en el mejor de los casos, un diálogo necesario: conflictivo, a veces incómodo, pero imprescindible para construir sociedades que sepan apostar por la innovación sin perder la capacidad de deliberar sobre sus límites.

Capítulo 50: Epílogo: La curiosidad como legado bajo el cielo de Ginebra

LA CINTA DE ACERO PULIDO seguía devolviendo fragmentos de cielo cuando la plaza se fue vaciando. En el reflejo metálico se mezclaban la luz fría de las farolas, la estatua de Shiva a lo lejos y las ventanas encendidas de los edificios donde, por la noche, técnicos inspeccionaban tablas de datos. Era un buen lugar para pensar el cierre: la escultura "Wandering the Immeasurable" que había recibido la mañana del primer capítulo funcionaba ahora como espejo literal y metafórico de todo lo que había sucedido. La imagen condensaba aquello que la historia del CERN había mostrado a lo largo de décadas: una institución que inventa máquinas para preguntar, pero que también interroga a la sociedad sobre lo que significa preguntar y cómo sostener las preguntas.

Lo que empieza y lo que queda se entretejen en esa plaza. La historia del laboratorio no es una sucesión de hitos técnicos aislados; es la trama compleja de decisiones políticas, de imaginación técnica, de tensiones éticas y de vidas cotidianas. Desde las tablillas del cuneiforme que recordaban las raíces del número hasta la cámara multihilos que reinventó cómo miramos los fragmentos del universo, cada avance empujó no sólo conocimiento, sino también consecuencias sociales y morales. El descubrimiento del Higgs, la construcción del LHC, la caída del SSC, la invención de la web: todas esas páginas cuentan una misma lección doble. La ciencia puede abrir horizontes de comprensión inéditos y, al mismo tiempo, someter a las comunidades a retos políticos, económicos y humanos que no desaparecen con la publicación de un paper.

Un epílogo no puede ser lista de logros ni catálogo de errores; debe ser un ejercicio de balance y de advertencia. En ese sentido, el CERN ha sido, por momentos, ejemplo y por momentos espejo de fragilidades humanas. Ha mostrado cómo la cooperación internacional puede producir milagros técnicos y vínculos que sobreviven a polaridades políticas; pero también ha evidenciado que la Gran Ciencia vive en una tensión permanente entre la necesidad de autonomía técnica y la dependencia de decisiones políticas. La aprobación de proyectos grandes exige diplomacia fina, contratos industriales y modelos de financiación innovadores; la estabilidad de esas apuestas depende, finalmente, de confianza social y de narrativas públicas que expliquen la utilidad y los límites de lo que se hace.

El museo de imágenes que acompañó estos capítulos recuerda, con crudeza, varias áreas donde la ciencia y la sociedad deben continuar aprendiendo. Primero: la comunicación pública. Los episodios del agujero negro, la novela que mezcló antimateria con terror y la viralidad del video amateur en la plaza mostraron que la falta de pedagogía amplia y temprana deja huecos que la imaginación —y la desinformación— llenan con facilidad. La respuesta del CERN, que hoy incorpora unidades de comunicación proactiva, kits pedagógicos y transparencia documental, demuestra que la mejor defensa contra el rumor es la explicación accesible y constante.

Segundo: la ética y la gobernanza. Los debates sobre mecenazgo, la dirección de la investigación en tiempos de conflicto, las decisiones sobre sanciones y colaboraciones internacionales pusieron en evidencia que la ciencia no es un reducto fuera de la política. Las instituciones científicas deben construir procedimientos rigurosos de due diligence, canales de whistleblowing sólidos, comités de ética independientes y marcos contractuales que protejan la autonomía científica sin cerrar la puerta a la colaboración. La sostenibilidad de la Gran Ciencia exige, además, transparencia en financiamiento y procedimientos que eviten dependencias reputacionales peligrosas.

Tercero: la dimensión humana. El relato de vidas suspendidas por procesos judiciales, de jornadas que devoran la intimidad y de la emigración de talento—sea por la caída del SSC o por crisis políticas— nos obliga a incorporar la protección social en la arquitectura de la ciencia. Los programas de bienestar, las políticas de conciliación, la protección jurídica de investigadores y el reconocimiento del valor no público de tareas de mantenimiento son medidas que ya no pueden verse como coste secundario: son inversión en resiliencia. La Gran Ciencia depende tanto de imanes y criogenia como de cuerpos y relaciones que sostienen, día a día, los experimentos.

Cuarto: la relación entre ciencia y arte. La cinta y la estatua de Shiva ilustran que la técnica y el símbolo no son mundos separados: exponen preguntas que la ciencia no puede responder sola. Colaboraciones entre artistas y científicos enriquecen el discurso público pero exigen sensibilidad contextual para evitar malentendidos. Las ceremonias de San Gotardo, la performance que alarmó y la manera en que imágenes se volvieron símbolos conspirativos enseñaron que el arte público necesita acuerdos de comunicación cuando está asociado a infraestructuras de alto impacto.

Quinto: la dimensión futura. El sueño del FCC, con su ambición de 100 kilómetros y campos magnéticos nuevos, ofrece una pregunta política que trasciende la técnica: ¿estamos dispuestos como sociedades a financiar proyectos de frontera que demandan colaboración intergeneracional y altos costos? La experiencia del LHC enseñó que la mezcla de excelencia técnica y gestión prudente puede llevar a descubrimientos históricos; enseñó también que proyectos de esa escala requieren modelos financieros diversificados, alianzas industriales estables y narrativas públicas sólidas que expliquen el valor más allá del avance puramente académico.

Si hay una conclusión ética que atraviesa todo esto es que la ciencia debe ser, además de audaz, responsable. Ser responsable no equivale a renunciar a la exploración ni a ponerle murallas a la curiosidad; significa integrar en cada proyecto el examen de consecuencias, la articulación con la sociedad y la disposición a rendir cuentas. Responsabilidad implica anticipación de riesgos, protección de quienes trabajan en los proyectos y diálogo abierto con quien paga, sostiene y se ve afectado por la investigación.

El CERN, en su papel de "último bastión de la Ilustración" al que alude el título que cerraba este libro, no es santuario; es taller. Es un taller donde la técnica, la política y la cultura se encuentran y se tensan. Puede funcionar como ejemplo de cooperación internacional, puede innovar en instrumentación, y puede, también, ser faro de ética institucional. Pero para ello necesita algo más que ingeniería: necesita ciudadanía científica, procedimientos justos y una ambición cultural que ponga la dignidad humana al centro de la empresa técnica.

La cinta metálica en la plaza sigue reflejando nubes. A veces parece absorber la luz como si guardara preguntas; otras, devuelve caras que se mezclan en reflejos. Esa ambigüedad es su virtud. La escultura no ofrece respuestas; propone continuidad. Y en el final de este libro esa continuidad tiene una forma ética: preguntarnos —como sociedad, como científicos, como ciudadanos— si queremos que la curiosidad siga siendo una empresa colectiva que valga la pena sostener, con sus riesgos y sus virtudes. La institución queda allí, entre la piedra y el acero, como testigo y tutor: preguntar es humano, pero hacerlo con responsabilidad es lo que transforma a la curiosidad en legado.

www.ingramcontent.com/pod-product-compliance
Lightning Source LLC
LaVergne TN
LVHW040417051026
849517LV00002B/356
* 9 7 9 8 2 3 3 0 9 4 2 1 7 *